Ihr Hobby

Welse

Dr. Jürgen Schmidt

INHALTSVERZEICHNIS

D-94239 Ruhmannsfelden
E-mail: bede-Verlag@t-online.de; Internet: http://www.bede-verlag
Konzept der Reihe „Ihr Hobby...", Herstellung und Gestaltung: bede-Verlag
Durchsicht und fachliche Beratung: Ingo Seidel, Ganderkesee, &
Harro Hieronimus, Solingen

Bildnachweis: Aqualife Taiwan, H. Hieronimus, M.-P. & C. Piednoir, Dr. J. Schmidt oder bede-Verlag; sofern nicht anders vermerkt.

ISBN: 3-931 792-75-7
bede-Bestellnummer: HO 372

Bei den Nachzuchten unter Aquarienbedingungen treten durch Mutation immer wieder auch Form- und Farbveränderungen bei den Welsen auf. Hier ein Katzenwels-Albino, Ictalurus punctatus. *Foto: Aqualife Taiwan*

Unter den Welsen gibt es viele kleinbleibende Arten, die zum Teil gegenwärtig im Fachhandel angeboten werden. Darunter findet sich eine Vielzahl hochinteressanter Arten. Es handelt sich oft um die äußerst dienstbaren Geister der Aquaristik, die gemeinhin einfach als „Putzer" bezeichnet werden. Ihre Eigenheit, den Bodengrund nach etwas Freßbarem – beispielsweise Futterresten oder kleinen Würmchen – zu durchsuchen, machen sich Aquarianer zunutze, indem sie die Welse zur Reinhaltung des Aquariums beitragen lassen.

Wer farbige Fische erwartet, die lebendig in der Aquarienmitte hin und her schwimmen, der wird in der Welsgruppe nicht viele derartige Fische finden. Zwar gibt es Schwarmfische, wie die Glaswelse, doch sind sie keinesfalls farbig. Außerdem gibt es durchaus bunte Welse, zum Beispiel in der Gruppe der Fiederbartwelse oder bei den Harnischwelsen, aber diese sind oft nachtaktiv oder leben überhaupt sehr versteckt. Dennoch fasziniert manchen Aquarianer gerade diese heimliche Lebensweise, und nicht ohne Grund erfreuen sich Welse zunehmender Beliebtheit.

Bei den Fütterungen – Welse haben einen gut entwickelten Geruchssinn – und nachts kommt dann so richtig Leben ins Aquarium. Der erfahrene Welsaquarianer wird es nicht verpassen, wenn abends das Licht ausgeht. Mit der Taschenlampe oder bei ganz schwacher Aquarienbeleuchtung, etwa mit einer kleinen 10 W-Birne, wird jeder begeisterungsfähige Naturfreund feststellen: Welse sind einfach faszinierend.

Werden manche Welse auch zunächst als „Nutztiere“ ins Aquarium eingesetzt, so wird sich manch ein Aquarianer dennoch bald für diese skurrilen Fische begeistern. Harnischwelsarten, wie Vertreter der Gattungen *Ancistrus* oder *Otocinclus*, dienen als Algenfresser im Aquarium, und Panzerwelse beseitigen durch ihre fortwährende Nahrungssuche Nahrungs- und andere Reste aus dem Aquarium. Dabei werden manchmal unvorsichtigerweise unbekannte Welse erworben. Aber Vorsicht! – Es gibt etliche räuberische Welse, die bereits als Jungfische beginnen, den Bestand der kleinen Aquarienfische zu dezimieren.
Da viele Welse vornehmlich nachts auf Jagd gehen, wird anfangs nicht einmal die Ursache des unerklärlichen Verschwindens der Fische erkannt. Erwerben Sie also niemals einen Wels, über dessen Ernährungsweise und Lebensgewohnheiten Sie noch nichts wissen. Außerdem ist ja zu bedenken, daß manche Welse wirklich sehr groß werden können – selbstverständlich auch dann, wenn sie als Jungfische noch so niedlich wirken.
Stets ist es schwierig, für diese oder jene Fische Interesse zu wecken, denn jeder Aquarianer hat seine eigenen Maßstäbe und Vorlieben. Seiner Meinung nach haben nur seine Pfleglinge einzigartige Farben, ein unvergleichliches Aussehen und sind mit einem faszinierenden Verhaltensrepertoire ausgestattet. All dies trifft sicherlich auch auf Welse zu!
Lassen auch Sie sich von diesen skurrilen Aquarienbewohnern begeistern.

Viel mehr Welse – als für die Aquaristik – werden allerdings für die Speisefischzucht vermehrt. Wenn unter diesen Fischen ungewöhnliche Exemplare auftauchen, dann werden sie manchmal für die Aquaristik exportiert, obwohl sie – wie dieser Clarias batrachus*-Albino – für die Heimaquaristik völlig ungeeignet sind.*

Größere Welse und Cichliden lassen sich in vielen denkbaren Kombinationen durchaus gut vergesellschaften. Fotos: Dr. J. Schmidt

Das Welsaquarium

Eine beliebte Kombination sind klein bleibende Harnischwelse im schön bepflanzten Gesellschaftsaquarium. Sofern die Welse, wie dieser Störwels, Sturisoma aureum, *die Aquarienpflanzen nicht behelligen, ist nichts dagegen einzuwenden. Foto: Dr. J. Schmidt*

Wenn es geplant ist, mehrere verschiedene Welsarten zusammen zu pflegen, dann muß sich der Aquarianer zunächst gut mit deren genauer Herkunft und den spezifischen Temperatur- und Wasseransprüchen vertraut machen. Durch das riesige Verbreitungsgebiet der Welse gibt es völlig unterschiedliche Haltungsanforderungen, die unbedingt berücksichtigt werden müssen!

Das Aquarium

Die Größe des Aquariums muß sich immer an der möglichen Körpergröße der erwachsenen Welse orientieren. Dies ist wichtig, denn einige Welsarten können Körperlängen von einem Meter und mehr erreichen. Den Welsen ist es dabei völlig gleichgültig, ob Sie sich für ein Rahmenaquarium oder einen nur mit Silikon geklebten Behälter entscheiden.

Tip: **Wichtig ist, daß das Aquarium nicht an einem zu hellen Ort aufgestellt wird, und daß die Welse nicht durch achtlos am Aquarium vorübergehende Leute erschreckt werden.**

Vor allem versteckklose und zu helle Aquarien können bei den Welsen Streß auslösen. Deshalb ist meist ein Standort im Wohn- oder Arbeitszimmer besser

Ist es einerseits wichtig, daß jedem Wels mindestens ein Versteck im Aquarium zur Verfügung steht, so sollte andererseits darauf geachtet werden, daß diese Verstecke wenigstens annähernd natürlich wirken. Hier sucht ein Wabenschilderwels, Glyptoperichthys gibbiceps, *Schutz vor zu hellem Licht.*

Weil sich Harnischwelse nicht an anderen Fischen vergreifen, ist es möglich, auch große Exemplare mit anderen kleineren Fischen gemeinsam zu pflegen. Fotos: bede-Verlag

als etwa einer im Flur oder in der Küche. Andererseits sollen sich die Welse ja auch an den Menschen gewöhnen, damit sie nicht bei jeder Bewegung vor dem Aquarium gleich in ihrem Versteck verschwinden.

Achtung: **Kunststoff- und Plexiglasaquarien sind für die Pflege vieler Harnischwelse nicht geeignet, weil das Material aufgrund des Abraspelns der Oberflächen mit den Saugmäulern der Welse schnell trüb und zerkratzt wird.**

Ein Aquarium, in dem Welse gepflegt werden, darf keinesfalls zu klein sein. Viele Welse können zudem nicht nur sehr groß werden, sondern einige können das hohe Alter von mehr als 50 Jahren erreichen. Deshalb ist für die Pflege der meisten Welse ein Aquarium von 1 m Länge das Mindeste, das eingeplant werden muß. Speziell für viele Harnischwelse sind Moorkienholzwurzeln zur Einrichtung des Aquariums unverzichtbar. Der Pflanzenbesatz richtet sich danach, inwieweit er der Belastung durch diesen Welsbesatz standhalten kann, der sich oft mehr oder weniger vegetarisch ernährt. Welse sind in der Mehrzahl der Arten nachtaktiv. Den Tag verbringen die Harnischwelse, mit ihrem Saugmaul angeheftet, gewöhnlich an ein und derselben Stelle im Aquarium unter einem Holzstück oder Felsbrocken. Viele Welse verteidigen ihren Ruheplatz gegen andere Aquarienmitbewohner.

Durch das Holz im Aquarium und die sich durch dessen Schichten raspelnden Harnischwelse werden Tannine frei, die das Wasser gelblich verfärben. Dies schwächt zwar die Effektivität der Beleuchtung, ist aber nicht weiter schlimm.

Tip: Scharfkantige Steine für die Einrichtung zuvor mit einem Winkelschleifer entgraten – Schutzbrille tragen!

Um den Welsen Rückzugsmöglichkeiten anzubieten, müssen genügend Verstekke eingeplant werden.
Gut sind kleine Unterstände, die aus skurrilen Moorkienhölzern oder flachen Steinen unter Zuhilfenahme von Silikonkautschuk zusammengeklebt werden. Dazu kann aber nicht beliebiges Holz verwendet werden, da dieses im warmen Aquariumwasser verfaulen würde. Moorkienholz und Schottische Mooreiche sind gut geeignet und werden im Fachhandel in großer Auswahl angeboten. Größere Holzstücke müssen sicher – beispielsweise mit schweren Steinen – am Boden befestigt werden.
Das Holz hat aber neben dem Angebot von Versteckmöglichkeiten auch noch eine andere Bedeutung, denn viele Harnischwelse raspeln mit ihren Saugmäulern ständig daran herum und nehmen dabei lebenden Aufwuchs sowie Zellulosematerial auf, was für diese Arten zum Überleben notwendig ist.

Tip: In Zuchtaquarien können auch einfach Ton- oder Kunststoffröhren als Versteckmöglichkeiten eingesetzt werden.

Die Aquarienrückwand darf im Harnischwelsaquarium nicht aus Kunststoff oder Kork gestaltet sein, weil dieses Material von den Welsen angeraspelt würde. Für die Pflege großer Welse muß sich der Aquarianer damit begnügen, eine schöne Rückwandfolie hinter das Aquarium zu kleben. Eine Alternative wäre es, die Rückwand beispielsweise mit aufgeklebten Schieferplatten oder anderen Steinen selbst zu gestalten.

Bodengrund

Stets muß ein weiches und vor allem nicht scharfkantiges Bodensubstrat ausgewählt werden, damit sich die Welse bei der Suche nach Futter im Bodengrund nicht ihre empfindlichen Barteln verletzen.
Viele Welse leben bevorzugt am Bodengrund, so daß aufgrund der Morphologie ihrer Unterseite als idealer Boden-

Auch relativ groß werdende Welse, wie dieser Panzerkopfwels, Phractocephalus hemioliopterus, *benötigen einen feinkiesigen Bodengrund, damit sie problemlos graben können. Foto: bede-Verlag*

grund nur Flußsand oder gerundeter Kies von 2 bis 4 mm Körnung infrage kommt. Nicht geeignet sind hingegen Quarzkies, der zu Schnittverletzungen führt, und Hydrokultur-Blähton, welcher für wühlende Welse zu rauh ist.

Tip: Sand ist als Bodengrund weniger gut, denn darin bilden sich aufgrund geringer Wasserdurchströmung Fäulnisherde, die das Pflanzenwachstum behindern und letztendlich den Fischen gefährlich werden können. Feiner Kies oder gerundetes Granulat wären deshalb für die Aquarienpflanzen besser geeignet.

Quasi ein Kompromiß zwischen den Ansprüchen der Pflanzen und jenen der gerne im Bodengrund wühlenden Welse – wie viele Panzerwelse oder einige Doradiden – wäre dadurch zu schaffen, daß in den Pflanzenbereichen der übliche Aquarienkies verwendet und im Vordergrund eine flache Schale mit Sand aufgestellt wird. Selbstverständlich muß dann über der Schale gefüttert werden, so daß diese bald von den Welsen akzeptiert wird. Der Sand in der Schale kann dann leicht ausgetauscht werden, wenn er sich zu sehr verdichtet und zu verschmutzen beginnt.

Für den Aquarianer hört der Spaß an den Welsen eigentlich nur dann auf, wenn ihre Art und Weise der Nahrungsbeschaffung mit einem nicht besonders sauberen Bodengrund zusammentrifft. Da sich viele Welse an ein Leben am Boden angepaßt haben und fast ohne Unterlaß aktiv sind, sollte ihnen eine freie Bodenfläche zum Gründeln zugestanden werden. Die Höhe des Aquari-

Vor allem Panzerwelse wie dieser Aspidoras sp. benötigen einen feinen Bodengrund, um gut graben zu können und sich ihre empfindlichen Barteln nicht zu verletzen. Foto: Dr. J. Schmidt

ums ist hingegen von der Körpergröße der Welse abhängig und meist nebensächlich. Die Grundfläche muß allerdings groß genug sein, um allen Welsen genügend Platz zu bieten.
Wie Untersuchungen in natürlichen Biotopen gezeigt haben, leben die Welse nahezu ausschließlich auf weichen Untergründen (sandig oder schlammig), die mit Kieseln, versunkenen Holzstücken und Laub bedeckt sind.

Tip: Im Aquarium sollte also versucht werden, als Ersatz ein Stück Ufer eines tropischen Wasserlaufs nachzugestalten.

Hierzu werden feiner, gerundeter Kies und größere runde Kiesel verwendet; an scharfkantigem Kies verletzen sich die Welse ihre Barteln. Freie Zonen wechseln sich mit dicht bepflanzten ab, wozu sich *Anubias*, *Echinodorus*, *Cabomba*, *Heteranthera*, *Myriophyllum* und viele andere Pflanzen eignen. Steinaufbauten und skurrile Moorkienhölzer vervollständigen das Bild und geben den Welsen ein Gefühl der Sicherheit.
Ein Trupp Panzerwelse ist beispielsweise besonders dynamisch. Sie scheinen zu spielen, tummeln sich umeinander, lassen sich auf den Blättern der Pflanzen nieder, nur um sich im nächsten Moment blitzschnell in einem Unterschlupf zu verstecken und dabei etwas Unordnung zu schaffen. Mit anderen Worten, Panzerwelse bringen Leben ins Aquarium. Ihre unablässige Aktivität trägt auch dazu bei, daß Detritus zur Ansaugöffnung des Filters bewegt wird. Alle diese Aktivitäten werden jedoch hin und wieder auch von längeren Phasen nahezu unbeweglichem Rastens abgelöst.

Filterung

Da manche Welse unter Einrichtungsgegenständen Höhlen graben, wirbeln sie auf dem Bodengrund und – aus dessen oberster Schicht – Mulm auf. Damit das Aquarienwasser dadurch nicht getrübt wird, muß ein starker Filter eingesetzt werden, der den Mulm entfernt.

Tip: Ein Filter, der pro Stunde den zwei- bis dreifachen Inhalt des Aquariums umwälzt, reicht gewöhnlich für ein normal mit Welsen besetztes Aquarium aus.

Das Filtermaterial muß sich leicht reinigen lassen. Deshalb ist der Einsatz eines kleinen Vorfilters zu empfehlen. Solche Vorfilter bestehen meist aus grobporigen Schaumstoffpatronen, die regelmäßig in lauwarmem Wasser ausgespült werden müssen, damit die Bakterien nicht zerstört werden.
Günstigenfalls wird durch den Filterrücklauf keine zu starke Strömung verursacht. Denn manche Welse mögen die Strömung nicht und zeigen ihr normales Verhalten so nicht. Aber eine gewisse Strömung ist für das Wohlbefinden der Welse wiederum notwendig.

Achtung: Weil sich trotz Filterung gelöste Abfallstoffe im Aquarienwasser anreichern, sind regelmäßige Teilwasserwechsel wichtig. Ein Drittel alle 14 Tage reicht meist aus.

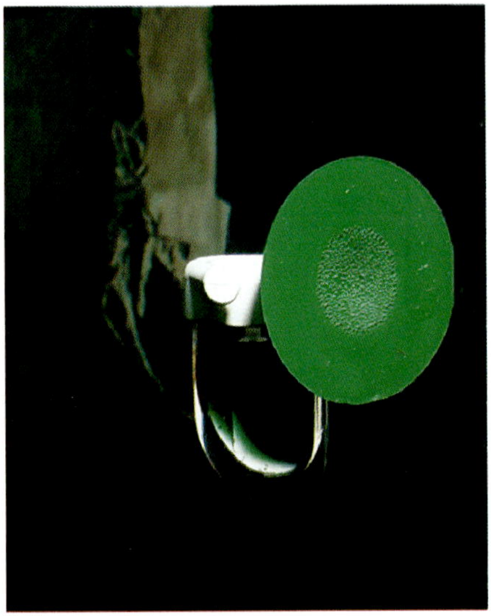

Mit solchen Dauertests läßt sich der pH-Wert und indirekt der CO_2-Gehalt am besten langfristig kontrollieren. Foto: bede-Verlag

Indem ein Teil des Aquarienwassers gegen frisches Wasser ausgetauscht wird, werden die im Wasser enthaltenen Schadstoffe verdünnt. Die zu wechselnde Wassermenge richtet sich nach der Größe des Aquariums und der Größe sowie der Besatzdichte der Fische. Es kann zum Beispiel jeweils alle 14 Tage ein Drittel des Wassers ausgetauscht werden.

Die Wasserwerte

Die meisten aus den Tropen stammenden Welse bevorzugen den gleichen Wassertyp wie zahlreiche Salmlerarten, nämlich Wasser von weicher, leicht saurer Qualität. Dennoch werden sie von vielen Aquarianern in hartem (bis 25 °dGH) und alkalischem Wasser gehalten. Obwohl sich viele Welse auch daran anpassen, liegt der Idealzustand bei weichen bis leicht harten Bedingungen, 4 bis 20 °dGH, sowie einem pH-Wert von 7 oder etwas darunter.

Achtung: Amazonische Fische des Tieflands benötigen meist höhre Wassertemperaturen! Welse solcher Herkunft sollten bei 25 bis 30 °C Wassertemperatur gepflegt werden.

Tip: **Die Temperaturen können zwischen 20 und 27 °C betragen, wobei das Optimum sicherlich um 24 °C liegt.**

Ein kräftiger Filter sorgt für eine stets saubere, kristallklare Umgebung. Fast alle Welse lieben fließendes Wasser, aber keine starke Strömung, was nötigenfalls mit einer zusätzlichen Tauchkreiselpumpe verwirklicht werden kann.
Eine allgemeine Anleitung, welches Wasser für Welse geeignet ist, kann aufgrund der völlig unterschiedlichen Herkunftsgebiete nicht gegeben werden. Aber die Pflege der meisten Arten ist völlig problemlos, und bei unbekannten Welsen muß manches im Artenteil der entsprechenden Fachliteratur nachgeschlagen werden (s. Literaturverzeichnis). Meist reicht das normale Leitungswasser für die Pflege der Welse völlig aus. Allerdings sollte das Wasser für Arten, die direkt aus Südamerika oder Südostasien importiert wurden, nie härter als 15 °dGH sein, während viele Nachzuchten besser an unsere Wasserbedingungen angepaßt sind und deshalb durchaus in weicherem Leitungswasser gepflegt werden können.
Folglich ist es nicht nötig, die Verhältnisse in einem südamerikanischen Weichwasserbiotop nachzuahmen. Sehr weiches Wasser erweist sich außerdem oft als pH-Wert-instabil und kann zur Gefahr für Fische werden.

Achtung: **Im Wasser mit einer Härte unter 4 °dGH sind zu wenige gelöste Mineralstoffe vorhanden, um den Bedarf vieler Fische und Pflanzen zu decken und den pH-Wert stabil zu halten.**

Eine regelmäßige Kontrolle der Wasserwerte muß vor allem in einem neu eingerichteten Aquarium sicherstellen, daß sich der pH-Wert und die gelösten Stickstoffverbindungen nicht in Bereiche bewegen, die für die Welse schädlich sind. Am besten sollte der pH-Wert für die Pflege der meisten Welsarten knapp unter dem Neutralwert liegen. Durch gelegentliche Torffilterung, Zugabe von Kohlendioxid oder den pH-Wert senkenden Substanzen aus dem Zoofachhandel läßt sich problemlos der benötigte pH-Wert einstellen.

Achtung: **Jeder Aquarianer, der die Wasserwerte manipuliert, muß mindestens zweimal in der Woche den pH-Wert kontrollieren.**

Wenn keine Notwendigkeit dazu besteht, dann dürfen auch keine unnötigen Experimente mit dem Aquarienwasser durchgeführt werden. Allerdings sind manchmal zu Zuchtversuchen Eingriffe in die Wasserchemie nötig.
In ein neu eingerichtetes Aquarium darf grundsätzlich kein Fisch eingesetzt werden. Das Aquarium muß zunächst „ökologisch eingefahren" werden. Denn der sogenannte Stickstoffkreislauf muß sich zunächst schließen, das heißt daß sich die entsprechenden Mikroorganismen ansiedeln und vermehren müssen. Nach etwa zwei Wochen sind genügend Bakterien vorhanden, welche die Abfallprodukte der Fische, Futterreste und abgestorbenes pflanzliches Material um- und abbauen.
Nach Ablauf der ersten zwei bis drei Wochen haben sich dann die Mikroorganismen in ausreichendem Maße vermehrt, um die Schadstoffe in weniger schädliche Substanzen umbauen zu können. Zum Beispiel kann das entstehende Nitrat von den Pflanzen aufgenommen werden, dies ist für die Welse weit weniger giftig als beispielsweise Nitrit oder Ammoniak.

Tip: **Mit regelmäßigen Teilwasserwechseln läßt sich der Nitratwert in verträglichen Bereichen halten – sofern nicht das Leitungswasser bereits einen zu hohen Nitratgehalt aufweist.**

Die Wassertemperatur in den Welsaquarien darf nicht zu hoch sein. 22 bis 26 °C sind ein Bereich, in dem sich viele Welse wohl fühlen, es darf aber für manche sogar ruhig auch etwas weniger sein – bis 20 °C. In der Natur treten hohe und niedrige Temperaturen vor allem in Jahreszeiten auf, in denen sowieso Mangel herrscht, und viele Fische – nicht nur Welse – überleben diesen Zeitraum nicht. Solche Ver-

Auch im Einsatz an Welsaquarien haben sich Außenfilter sehr bewährt. Der Filter kann auch mit einer Heizung ausgestattet sein. Foto: bede-Verlag

Stabheizer können auch im Welsaquarium eingesetzt werden. – Aber Vorsicht! Welse, die sich länger daran ansaugen oder dahinter verstecken, könnten sich verbrennen. Foto: Dr. J. Schmidt

hältnisse dürfen also im Aquarium keinesfalls nachempfunden werden, auch wenn sie den natürlichen Gegebenheiten entsprechen würden. Viele „Naturfreunde", die fordern, daß die Fische unter natürlichen Bedingungen gepflegt werden sollen, übersehen, daß die Tiere gar nicht immer in ihrem optimalen Lebensraum gefunden wurden.

Heizung

Für Welsaquarien sind im Bodengrund verborgene Heizkabel nicht empfehlenswert, da sie von den Welsen ausgegraben und die Kabel dann von den Welsen angeraspelt oder zerbissen werden könnten. In Aquarien mit kleinen Welsen, zum Beispiel aus den Gattungen *Otocinclus* oder *Aspidoras*, sind solche Heizer aber durchaus sinnvoll einzusetzen. Üblicherweise können im Welsaquarium Stabregelheizer verwendet werden, von denen es heute unzerbrechliche Versionen gibt, die bei der Pflege großer Welse zu bevorzugen sind. Noch besser ist die Verwendung eines Außenfiltertopfs mit eingebautem Heizer.

Beleuchtung

Die meisten Welse gelten als dämmerungs- und nachtaktiv. Diese Einschätzung entstand dadurch, daß sich manche Welse kaum in hellem Licht sehen lassen.

Tip: Bei einer schwachen Beleuchtung oder wenn Bereiche des Aquariums beispielsweise mit Schwimmpflanzen abgeschattet sind, sind viele Welse auch tagsüber aktiv.

Es ist sinnvoll, abends und morgens vor und nach dem Einschalten der Hauptbeleuchtung für etwa eine Stunde eine etwas schwächere Leuchte einzusetzen, um den Welsen in dieser Zeit bevorzugt Gelegenheit zur Nahrungssuche zu geben. Dann muß selbstverständlich auch während oder kurz vor dieser Zeit gefüttert werden.

Bepflanzung

Weil Aquarien mit Welsen also oft nicht stark beleuchtet werden, kommen nur Aquarienpflanzen infrage, die nicht sonderlich lichthungrig sind. Auch in der Natur kommen Welse nur relativ selten in Biotopen vor, die dicht mit Pflanzen besiedelt sind.

Hinweis: Es ist nur selten möglich, ein Welsaquarium mit Pflanzen aus dem Heimatlebensraum der Welse zu bepflanzen.

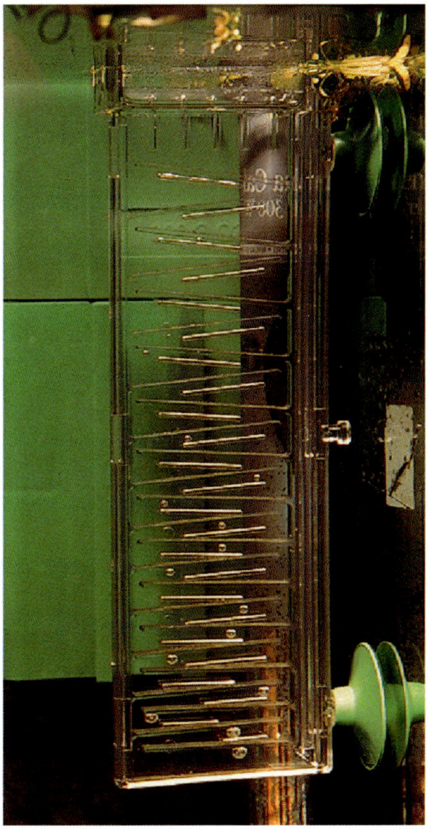

Weil Wasserpflanzen durch den Verbrauch von Stoffwechselendprodukten und die Stabilisierung der Wasserwerte eine sehr positive Auswirkung auf die Wasserqualität haben, ist eine Bepflanzung auch im Welsaquarium wichtig. Aquarienpflanzen dienen also nicht nur zur attraktiven Gestaltung des Aquariums, sondern sie haben zudem eine wichtige ökologische Funktion.

Es ist vollkommen gleichgültig, ob die Aquarienpflanzen die gleiche Herkunft wie die Welse haben. Deshalb sind also auch *Cryptocoryne*-Arten, die aus Südostasien stammen, hervorragend für ein Aquarium mit amerikanischen Welsen geeignet, da die meisten Cryptocorynen mit wenig Licht auskommen. Dies trifft auch auf die afrikanischen *Anubias*-Arten zu, die ebenfalls nur relativ wenig Licht im Aquarium zum artgerechten Wachstum brauchen. Diese Speerblätter besitzen relativ harte und ledrige Blätter, die den Raspelmäulern der Saugwelse genügend Widerstand entgegen setzen, um auch auf Dauer im Welsaquarium existieren und sogar wachsen zu können. Auch das Javamoos, *Vesicularia*

Links:
Als Jungfisch hält Glyptoperichthys gibbiceps *die Aquarienpflanzen gut von Algen frei. Wenn er größer wird, dann beginnt er allerdings, auch die Pflanzen als Nahrung anzusehen. Foto: Schmidt*

Oben rechts:
Panzerwelse sind keine Algenfresser. Foto: Aqualife

Um einen optimalen Pflanzenbewuchs zu erzielen und zur pH-Wert-Beeinflussung sollte auch der Welsfreund im bepflanzten Aquarium eine CO_2-Düngung einsetzen. Foto: bede-Verlag

Schöne Aquarienpflanzen, Moorkienholz und Welse, hier Sturisoma aureum, *sind oftmals eine gelungene Kombination. Fotos: Dr. J. Schmidt*

dubyana, und der harte Javafarn, *Microsorum pteropus*, sind prinzipiell für ein Welsaquarium geeignet. Weil die Welse aber ständig am Substrat herumraspeln, müssen solche Aufwuchspflanzen gut befestigt werden, damit sie nicht von den Welsen vom Substrat gelöst werden können. Im Fachhandel werden verschiedene Schwimmpflanzenarten angeboten, die genutzt werden können, um einen Teil des Aquariums zu beschatten. Auch die nicht gerade beliebte Kleine Wasserlinse, *Lemna minor*, kann dazu benutzt werden. Sie hat leider den Nachteil, daß sie sich sehr stark vermehrt und deshalb ständig abgeschöpft werden muß. Allerdings haben die Erfahrungen gezeigt, daß gerade die Wasserlinse einen sehr guten Einfluß auf die Wasserqualität hat und in der Lage ist, größere Mengen an Nitraten und anderen Stoffwechselendprodukten der Fische zu binden.

Weitere gut geeignete Schwimmpflanzen sind der Sumatrafarn, *Ceratopteris thalictroides*, und seine Verwandten sowie der Kleinohrige Schwimmfarn, *Salvinia auricularia*, und dessen Verwandte. Sie wachsen gut und sind dennoch leichter wieder zu entfernen als Wasserlinsen, da die großen Pflanzen viel einfacher aus dem Aquarium herauszunehmen sind. Auch das Flutende Teichlebermoos, *Riccia fluitans*, ist eine gut geeignete Schwimmpflanze, die allerdings sehr leicht zum Opfer der Algen wird.

Abschließend sei darauf hingewiesen, daß feinfiedrige Pflanzen, wie Haarnixen, *Cabomba*, Sumpffreunde, *Limnophila*, und Tausendblätter, *Myriophyllum*, aber auch das robuste Javamoos, *Vesicularia*, nicht für Aquarien mit stark gründelnden Welsen geeignet sind. Der aufgewirbelte Mulm verfängt sich in den feinen Blattstrukturen und schon bald sehen die Pflanzen nicht nur unattraktiv aus, sondern manche sterben dann sogar schnell ab.

Faustregel: Von wenigen Ausnahmen abgesehen, sind es die großblättrigen und glattrandigen Pflanzen, die besonders gut für Welsaquarien geeignet sind.

Der Kauf neuer Welse

Den meisten Welsen sind viele mögliche Erkrankungen äußerlich nicht anzusehen. Deshalb birgt der Erwerb von Welsen immer auch ein gewisses Risiko. Darum ist es wichtig, daß der Welsfreund einen guten Zoofachhändler in seiner Nähe vorfindet.

Tip: Letztendlich zahlt es sich aus, wenn die Fische zwar ein wenig mehr kosten, dafür aber gesund und munter sind.

Nach Möglichkeit sollte es der Aquarianer vermeiden, frisch importierte Welse zu erwerben. Die Auswirkungen des Transportstresses und das Einschleppen von Krankheiten äußern sich nämlich meist erst nach einiger Zeit. Leider sind viele Welsarten noch nicht gezüchtet worden und können deshalb nur als Wildfänge erworben werden. Jedenfalls müssen die Welse mindestens zwei Wochen im Quarantäneaquarium verbringen.

Achtung: Erst wenn es sicher erscheint, daß sie völlig gesund sind, dürfen Welse zu anderen Fischen gesetzt werden.

Beachten Sie vor dem Kauf das Äußere der Welse. Diese dürfen keine Wunden oder verletzte Flossen aufweisen. Auch die Barteln und Antennen müssen vollzählig und unbeschädigt sein.
Welse, die ständig ihre Flossen klemmen, sind entweder erkrankt oder waren großem Streß ausgesetzt. Bei solchen Welsen ist beim Kauf große Vorsicht angebracht. Dabei muß auf die Atmung der Welse geachtet werden, denn sie muß ruhig und gleichmäßig sein. Eine beschleunigte Atmung weist ebenfalls auf Krankheiten oder Streß hin.

Manche Welse, hier Pseudodoras niger, *werden im Fachhandel als niedliche kleine Fische angeboten. Im Heimaquarium fressen sie dann viel – auch ihre Aquarienmitbewohner –, und wachsen entsprechend schnell. Dieser Doradide gelangte vom Aquarianer ins Zooaquarium, aber nicht jeder hat ein solches Glück, daß der zu groß gewordene Pflegling ein neues Heim findet. Also: Vor dem Kauf genaue Informationen über den Fisch einholen!*

Das Futter

Werden manche Welse – vor allem jene mit Saugmaul – in der Aquaristik auch oft als „Algenfresser" bezeichnet, so haben sie heute glücklicherweise trotzdem ihr Image als Resteverwerter weitgehend verloren. Wer viele gierige und schnelle Fische – die kaum Futter zu Boden fallen lassen – in Gesellschaft der Welse pflegt, der wird Probleme bekommen, die Welse richtig zu pflegen und erst recht, sie zu züchten. Manchmal ist

***Links:** Welse sind beim Nahrungserwerb sehr findig.*

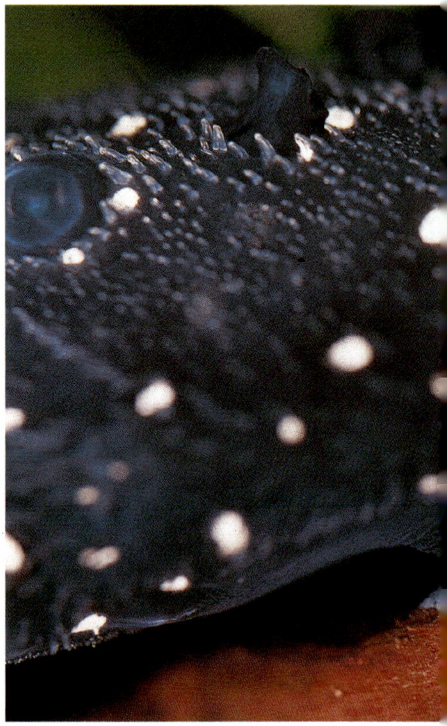

Manche besonders schöne Welse werden, wie dieser Elfenwels, Acanthicus adonis, *besonders groß und können gut einen Meter Körperlänge erreichen. Foto: Dr. J. Schmidt*

es aber im Gesellschaftsaquarium möglich, die Welse gezielt an solchen Plätzen zu füttern, die von anderen Fischen nicht erreicht werden.

Hinweis: **In den meisten Gesellschaftsaquarien fällt bei den üblichen Fütterungen mehr als genug Futter auf den Bodengrund, um den bodenlebenden Welsen die benötigte Nahrung zu verschaffen.**

Leider ist es so, daß in den meisten Aquarien viel zu viel gefüttert wird. Deshalb sterben viel mehr Aquarienfische an einer Verfettung als am Hunger, während das Verhungern ausnahmsweise bei Nahrungsspezialisten vorkommt.

Tip: **Sparsames Füttern vergrößert die Lebenserwartung Ihrer Lieblinge.**

Hauptnahrungsgrundlage kann für die meisten Welse ein gutes Trockenfutter sein. Es haben sich auch Futtertabletten und Granulate bewährt. Mindestens zweimal wöchentlich – wenn gezüchtet werden soll, möglichst täglich – muß aber für die Algen- und Pflanzenfresser frisches Grünfutter gereicht werden. Dieses kann auch in gefrorenem Zustand angeboten werden, ebenso wie Gefrierfuttersorten von tierischem Lebendfutter durchaus geeignet sind.
Die meisten Welse nehmen überhaupt gerne Lebendfutter an. Rote und Schwarze Mückenlarven sowie Wasserflöhe sind deshalb geeignet. Auch Krill oder *Mysis* werden genommen, dürfen aber wegen ihres Salzgehalts nur selten angeboten werden.

Die in Aquarianerkreisen gelegentlich wegen ihrer Schadstoffbelastung – bei richtiger Behandlung aber zu Unrecht – verrufenen *Tubifex* sind durchaus ein akzeptables Futter für viele Welsarten. Um verwendbar zu werden, müssen die Würmer vor der Verfütterung einige Tage gewässert werden.
Frostfutter sollte vor der Verfütterung nicht aufgetaut werden. Wenn es möglich ist, sollte es immer im noch gefrorenen Zustand gereicht werden. Kein Wels hat sich je an gefrorenem Futter „den Magen verdorben“.

Achtung: **Sobald Frostfutter aufgetaut wird, beginnt es zu verderben.**

Mit jeder Minute – die es sich unnötig an der Luft befindet – nimmt die Anzahl der

enthaltenen Schadstoffe zu, die zum einen den Fischen nicht bekommen, zum anderen – da sie in der entstehenden Flüssigkeit enthalten sind – die Wasserqualität beeinträchtigen. Außerdem zersetzen sich die im Futter enthaltenen Vitamine nach dem Auftauen sehr schnell.
Die Jungwelse vieler Arten können sofort nach dem Freischwimmen mit *Artemia*-Nauplien gefüttert werden. Nur wenige Welse haben so winzigen Laich, daß die schlüpfenden Jungen zunächst mit Infusorien und Rädertierchen ernährt werden müssen.
Die im Handel befindlichen *Artemia*-Eier sind von unterschiedlicher Qualität. Außerdem gibt es verschiedene Größen. Wichtig ist, daß es sich um frische Eier handelt, denn nach 24 bis 48 Stunden sollten die meisten Nauplien geschlüpft sein. Gewöhnlich ist die Schlupfrate besser, wenn die gut belüftete Schlupfflüssigkeit nicht zu viel Salz enthält, deshalb sind 8 bis 10 g/l ausreichend.
Während ältere Welse problemlos auch einige Eischalen – die unverdaut wieder ausgeschieden werden – mitverschlukken dürfen, können sie bei kleinsten Jungwelsen zu Darmverstopfungen und letztendlich sogar zum Tod führen.

Achtung: **Die geschlüpften *Artemia*-Nauplien müssen sorgfältig aus dem Bruthälter entnommen und gereinigt werden.**

Es müssen auch möglichst hohe Anteile der Salzwasserreste, die noch vorhanden sind, ausgewaschen werden. Dann sind *Artemia*-Nauplien ein ausgezeichnetes Jungfischfutter, das in der ersten Zeit als Hauptfutter dienen kann. Auch Mikrowürmer und feinstes eingeweichtes Trockenfutter – damit es auf den Boden sinkt – stellen ein gutes Jungwelsfutter dar. Wer die Möglichkeit hat, feinstes Teichfutter anzubieten, der sollte das auf jeden Fall tun. Dabei muß aber aufgepaßt werden, daß keine Tiere im gefangenen Futter enthalten sind, die den Jungwelsen schaden könnten.
Für pflanzen- und allesfressende Jungwelse haben sich auch feine Erbsen als Futter bewährt. Solange die Welse noch sehr jung sind, muß die Erbsenschale vom Pfleger geöffnet werden, damit die Kleinen besser an das weiche Innere gelangen können. Selbstverständlich müssen die harten Hüllenreste täglich

aus dem Aquarium abgesaugt werden. Grundsätzlich ist den meisten Welsen Nahrung tierischen Ursprungs nur sparsam zu reichen, da die spezialisierten Pflanzenfresser sonst schnell verfetten und beispielsweise an Leberschädigungen erkranken.

Gute pflanzliche Futtersorten sind:
- **Schlangengurken- und Zucchinistücke**
- **Wurzel- bzw. Karottenstücke**
- **überbrühter Salat und Spinat**
- **überbrühte Vogelmiere**
- **überbrühte Löwenzahnblätter**
- **vor allem Algen von flachen Steinen**
- **andere weiche Pflanzen**

Vom Pfleger muß ausgetestet werden, was die Welse akzeptieren. Selbst so ungewöhnliche Futtersorten wie frische Paprikaschoten oder Käse werden von vielen Welsen gern verzehrt. Pflanzenfutterreste dürfen ruhig länger im Wasser bleiben, damit das Material weich wird. Verderbendes Futter muß aber sofort aus dem Aquarium entfernt werden. Viele Welse sind als Allesfresser zu verstehen. Sie fressen Erbsen, Blattsalat und Löwenzahnblätter ebenso wie Mückenlarven, *Tubifex* und all die leckeren Futtertabletten, die vom Fachhandel zum Teil extra für Welse angeboten werden. Da viele Welse nachtaktiv sind, ist das Anbieten des Futters etwa eine halbe Stunde vor Erlöschen der Aquarienbeleuchtung angebracht. Ein Nahrungsmittel ist jedoch vor allem fast allen Harnischwelsen gemeinsam: Holz in jeder denkbaren Form!

Die im Holz enthaltene Zellulose ist tatsächlich für die Gesundheit der Harnischwelse unverzichtbar, denn hiervon hängt die einwandfreie Funktion ihrer Verdauung ab. Schottische Mooreiche oder anderes Moorkienholz sind hart, und so schrumpft die Größe der Wurzelstücke nur langsam unter den schabenden Zähnen der Harnischwelse.

Achtung: Im Aquarium ist es denkbar einfach, den Welsen eine abwechslungsreiche Speisekarte zu bieten. Dennoch ist die Ernährung den jeweils gepflegten Arten anzupassen.

Panzerwelse fressen beispielsweise nahezu alles, was freßbar ist. Daraus darf jedoch nicht gefolgert werden, daß sie sich ausschließlich von Abfällen ernähren würden. Wohl fressen sie auch das, was die anderen Bewohner des Aquariums übrig lassen, daneben begeistern sie sich allerdings auch für alle Sorten von Würmern wie Enchyträen, *Tubifex*, Grindal sowie kleinen Stücken von Regenwürmern, die zu Boden sinken. Dabei ist es völlig egal, ob das Futter nun lebt oder aufgetaut ist. Panzerwelse jagen aktiv *Cyclops* und *Artemia* im Freiwasser hinterher und sammeln sogar an der Oberfläche treibende Obstfliegen, *Drosophila*, oder Flockenfutter ein. Dies geschieht, indem sie sich auf den Rücken drehen, ganz wie dies vom Rückenschwimmenden Kongowels, *Synodontis nigriventris*, bekannt ist. Selbst vor Planarien und Blaualgen schrecken manche Welse nicht zurück! Ihr Menü läßt sich hin und wieder einmal mit kleinen Mengen Rinderleber oder geschabtem Rinderherz bereichern; letzteres mögen manche Welse ganz besonders.

Erkrankungen

Die meisten Welse sind bei richtiger Haltung nicht sonderlich empfindlich gegenüber Krankheiten. Trotzdem kann es immer wieder einmal zu Erkrankungen kommen.
Um Krankheiten vorzubeugen, müssen neu erworbene Welse mindesten zwei Wochen im Quarantäneaquarium gehalten werden. Dieses Aquarium ist möglichst einfach eingerichtet und darf keinen Kontakt zu anderen Aquarien haben; es sind also eigene Kescher und Futterutensilien bereitzuhalten.

Achtung: **Vor allem, wenn neue Fische ohne Quarantäne ins eingerichtete Aquarium eingesetzt werden, besteht eine hohe Krankheitsgefahr.**

Bakterielle Erkrankungen sind meist vermeidbar. Denn bei diesen handelt es sich oft um sogenannte Schwächeparasiten, die erst dann für die Fische gefährlich werden, wenn die Haltungsbedingungen ungünstig sind. Vor allem eine zu starke Schadstoffanreicherung fördert bakterielle Krankheiten.
Einige dieser bakteriellen Erkrankungen sind behandelbar. Dazu zählt etwa die Flossenfäule. Hier bietet der Handel viele geeignete Medikamente an, die allerdings nur die Bakterien beseitigen, nicht aber die Ursache der Erkrankung.
Bei Bauchwassersucht, Geschwüren, Glotzaugen und starker Abmagerung ist eine Heilung der Welse kaum noch möglich. Befallene Welse sind herauszufangen und schmerzfrei abzutöten (z. B. durch Einfrieren). Die Ursache solcher Symptome ist häufig die Fischtuberkulose. Diese Bakterien sind in fast jedem Aquarium nachzuweisen, können gesunden und sich wohlfühlenden Welsen jedoch nichts anhaben.

Achtung: **Da die Fischtuberkulose für den Menschen unter Umständen nicht ganz ungefährlich ist, darf niemals mit offenen Wunden im Aquarienwasser hantiert werden.**

Gelegentlich sind Welswildfänge von Metacercarien parasitiert. Bei den Fischen zusagenden Haltungsbedingungen kapseln sich die Wurmlarven meist ein und sind als helle oder dunkle kugelförmige Gebilde unter der Haut erkennbar. In diesem Zustand sind sie nicht mehr gefährlich.
Manchmal haben Welse trübe Augenlinsen, was oft auf ungünstige Wasserbedingungen hindeutet. Die Wasserwerte müssen sofort zum Besseren verändert werden. Zusätzlich kann versucht werden, die Augentrübung mit Mitteln aus der Humanmedizin durch ein regelmäßiges Betupfen der Augen mit im Medikament getränkten Wattestäbchen zu behandeln.
Außerdem muß dem Welspfleger bekannt sein, daß gelegentlich Aquarianer, die sich an den Flossenstacheln von Wel-

sen gestochen haben, darüber berichteten, daß dies stark und über einen ungewöhnlich langen Zeitraum (bis zu mehreren Stunden) schmerzte.

Achtung: Bei herzkranken Menschen besteht durch Welsstachelstiche eine echte Gefahr!

Vorsicht ist im Umgang mit stacheligen Welsen also immer angebracht. Zu solchen Stichverletzungen kommt es oft, wenn die Aquarianer versuchen, Welse aus einem zu grobmaschigen Netz zu befreien, in dem sie sich mit ihren Flossenstacheln verhakt haben. Bei echter oder vermeintlicher Gefahr spreizen die Welse nämlich die Flossen und verhaken die Stacheln regelrecht. Die einfachste Methode zur Entfernung der Welse – die fast immer funktioniert – ist die, das Netz mit dem außen daranhängenden Harnischwels in ein Wassergefäß zu hängen und abzuwarten. Die meisten Welse schaffen es dann allein, sich durch Zappeln und Zurückklappen der Flossenstachel selbst zu befreien.

Der Bauch eines gesunden Welses ist im Normalzustand flach oder leicht gewölbt, niemals aber dick oder eingefallen. Das wichtigste Merkmal ist ein eingefallener Bauch, denn er zeigt an, daß der Fisch entweder hinsichtlich seiner Futterbedürfnisse vernachlässigt worden ist, oder – noch schlimmer – daß er unter einer Parasitose des Verdauungstrakts leidet. Nur von der Oberseite betrachtet, kann ein schlechter Allgemeinzustand bei vielen Welsen durchaus verborgen bleiben, denn der Knochenpanzer ist fest und erhält die gewöhnliche Form.

Ein weiterer, bei der Pflege von Welsen zu beachtender Punkt ist, sie nie einer Behandlung mit eventuell giftigen Pharmazeutika oder kupferhaltigen Produkten zu unterziehen.

Harnischwelse werden nur selten krank und zählen zu den robustesten Aquarienfischen. – Das trifft auch auf Liposarcus pardalis *zu. Foto: Dr. J. Schmidt*

Welse, die als Unterordnung Siluroidei zusammengefaßt sind und, mehrere Familien bildend, über 2000 Arten umfassen, sind in erster Linie Bodenbewohner mit typischen Barteln am Kopf in der Schnauzenregion. Es gibt eine Vielzahl von Anpassungen, und so leben Welse nicht nur am Grund, zahlreiche frei schwimmende Arten sind insbesondere in der Familie Siluridae vertreten. Mit den Barteln verfügen die Welse im trüben Wasser und meist als Dämmerungs- und Nachttiere über ein vorzügliches Mittel zum Auffinden von Nahrung. Bis auf wenige Ausnahmen handelt es sich bei den Welsen um Süßwasserfische. Nur wenige Arten haben das Brackwasser als Lebensraum erschlossen, und noch weniger sind echte Meeresfische wie der Korallenwels, *Plotosus lineatus*.

Die Fortpflanzungsbiologie der Welsähnlichen und der Welse – Siluroidei

Ähnlich wie in anderen großen Fischgruppen sind auch von den Welsen verschiedenste Fortpflanzungsstrategien bekannt. Von freilaichenden Arten ohne jede Brutpflege über Pflanzen- und Substratlaicher bis zu brutpflegenden Arten mit Höhlen- und Maulbrütern sind auch bei den Welsen die meisten Fortpflanzungstypen, meist ohne Brutpflege oder – wenn doch – in der Regel mit Vaterfamilien vertreten.

Glaswelse, Siluridae und Schilbeidae

Die meisten Welse dieser Familien betreiben keine echte Brutpflege. Manche sorgen indirekt für ihren Nach-

Der Glaswels, Kryptopterus minor, *ist ein typischer Schwarmfisch. Er gehört zu den wenigen frei im Wasser schwimmenden Welsen und war früher unter dem Namen* Kryptopterus bicirrhis *bekannt. Foto: Aqualife*

wuchs, weil sie den Laich an gut versteckten Stellen unterbringen und das Revier verteidigen. Andere laichen einfach ab, wobei der Laich an der Wasseroberfläche schwimmt und ein hoher Anteil zur Beute anderer Wassertiere wird. Hier muß die hohe Anzahl der Eier die großen Verluste ausgleichen.
Zu den keine Brutpflege betreibenden Arten zählen auch die Glaswelse, also sowohl die eigentlichen Glaswelse *Kryptopterus minor* (früher *K. bicirrhis*) als auch die nicht näher mit ihnen verwandten Arten afrikanischer Glaswelse, wie *Eutropiellus buffei* (diese Art wurde früher oft als *E. debauwi* bestimmt). Nach den wenigen lückenhaften Berichten, die über solche frei schwimmenden und Schwärme bildenden Welse bekannt wurden, sind sie Freilaicher, deren Eier sich frei schwebend oder an Pflanzen klebend entwickeln.

Der Waller, *Silurus glanis*

Der echte Wels oder Waller betreibt jedoch Brutpflege. Das Männchen fächelt in einer ruhigen, mit Pflanzen bewachsenen Wasserzone eine Grube aus, die meist mit Pflanzenteilen umgeben wird, so daß ein nestähnliches Gebilde entsteht. Das Männchen laicht nacheinander mit mehreren Weibchen in diesem Nest ab. Anschließend bewacht der Vater allein das Gelege und die später schlüpfenden kaulquappenähnlichen Jungen, die zuerst noch im Nest bleiben. Wenn sie hungrig und schwimmlustig werden, kann der Vater die Kleinen nicht mehr beisammen halten und sie schwärmen aus.

Balz und Ablaichen der Corydoradinae

Auch den in der Aquaristik beliebten Panzerwelsen der Gattungen *Aspidoras*, *Brochis* und *Corydoras* fehlt eine echte Brutpflege.
Im natürlichen Lebensraum pflanzen sich Panzerwelse zumeist während der Regenzeit fort. Diese fällt in unseren Frühling, das heißt von April bis Juli, manchmal auch von Mai bis August, je

Unter den Panzerwelsen gibt es leicht zu züchtende und kompliziertere Arten. Vor allem der Metallpanzerwels, Corydoras aeneus, *ist ein robuster und beliebter Aquarienfisch. Foto: M.-P. & C. Piednoir*

Zu den Panzerwelsen kann näheres im Buch: „Ihr Hobby Corydoras – *Panzerwelse" nachgelesen werden.*

nach Lage. Diese Eigenschaft ist speziell im Fall von Wildfangtieren wichtig. Der Laich entwickelt sich nur in leicht saurem bis neutralem Wasser, pH-Wert 6,2 bis 7, mit geringer Härte, zwischen 3 und 10 °dGH. Bei Exemplaren aus Aquariennachzuchten wie zum Beispiel *Corydoras aeneus*, *C. elgans* und *C. paleatus* spielt die Jahreszeit hingegen keine große Rolle mehr. Diese Arten vermehren sich theoretisch während des gesamten Jahres, und die chemisch-physikalischen Eigenschaften des Wassers sind für sie weniger bedeutsam.

Will der Aquarianer *Corydoras* züchten, dann ist eine Gruppenhaltung nicht nur vorteilhaft, sondern regelrecht wichtig. Hier sollten zwei oder drei Männchen auf ein Weibchen kommen, da ein einzelnes meist nicht in der Lage ist, alle Eier zu befruchten. Außerdem sollten sich keine Vertreter anderer Arten im Aqua-

Panzerwelse kleben ihre Eier an Blätter und andere Gegenstände.
Foto: M.-P. & C. Piednoir

rium befinden. Weil sich die Panzerwelse nach der Paarung nicht weiter um ihren Nachwuchs kümmern, ist es zweckmäßig, ein Aufzuchtaquarium von 60 bis 80 Litern Inhalt (80 x 40 x 20 cm) zur Verfügung zu haben. Es muß in einer ruhigen Umgebung aufgestellt sein und mit großen, steifblättrigen Pflanzen, zum Beispiel *Anubias*, *Cryptocoryne* oder *Sagittaria*, ausgestattet werden. Diese werden zwischen Kieseln oder Steinplatten ohne scharfe Kanten verankert. Bodengrund ist nicht erforderlich, denn er begünstigt die Ansammlung von unerwünschtem Detritus.

Zur Stimulation der Partner sind täglich durchzuführende fünfzehn- bis zwanzigprozentige Teilwasserwechsel geeignet. Das Ablaichen wird dann durch einen fünfzigprozentigen Wasserwechsel ausgelöst, der die Temperatur um 3 bis 4 °C abfallen läßt. Hierdurch wird den Welsen suggeriert, daß ein kräftiger sommerlicher Regenguß stattgefunden hat, der ihr Wohngewässer anschwellen läßt. Bei den einfach zu vermehrenden Formen wie *Corydoras aeneus* und *C. paleatus* leitet dies bereits alles Notwendige in die Wege und führt beinahe automatisch zu einem Gelege, und eine Reihe anderer Arten sind bereits unter ähnlichen Umständen vermehrt worden.

Mit Näherkommen des Laichzeitpunkts wird eine über ein bis zwei Tage stetig zunehmende Aufregung unter den bislang vergleichsweise ruhigen Partnern offensichtlich. Es sind Verfolgungsjagden zu beobachten und Auseinandersetzungen zwischen den rivalisierenden Männchen, die sich wiederholt durch Kopframmen durchzusetzen versuchen. Dabei handelt es sich jedoch um nichts anderes als Getue, so daß nicht die Gefahr besteht, daß sich die Fische gegenseitig verletzen. Im weiteren Verlauf widmen sich die aufgeregten Männchen dann dem Weibchen und versuchen es festzuhalten, indem sie es mit Hilfe ihrer Barteln am Rücken berühren. Akzeptiert das Weibchen diese Annäherung, so kommt es zu einer etwa dreißig Sekunden dauernden Paarung, während derer es – bei den meisten Arten – mit dem Partner seiner Wahl in der sogenannten T-Stellung schwimmt.

Bei jeder Umklammerung stößt das Weibchen etwa ein Ei bis sechs Eier aus, die es zwischen den zusammengefalteten Bauchflossen festhält. In dieser Hinsicht sind jedoch einige Unterschiede bekannt: *Corydoras aeneus* gibt dabei jedesmal etwa 20 Eier ab, wohingegen das *C. hastatus*-Weibchen nie mehr als ein einzelnes Ei ausstößt. Die Eier werden in der so geformten Tasche befruchtet und dann vom Weibchen sorgfältig an eine Oberfläche – ein Blatt oder eine Glasscheibe des Aquariums – geklebt, indem es diese mit dem Bauch andrückt.

***Hinweis:** Zum Fortpflanzungsverhalten der Welse sind im „Ratgeber Welse" von H. Hieronimus zahlreiche weitere wertvolle Tips zu finden.*

Das Männchen hat zuvor noch etwas Sperma ins freie Wasser abgegeben, wodurch die Chancen einer erfolgreichen Befruchtung zusätzlich erhöht werden. Während einer kurzen Pause erholen sich dann die Beteiligten.

Um zu verhindern, daß sich die Fische an ihren eigenen Eiern vergreifen, ist es unumgänglich, ihnen ständig etwas Lebendfutter zur Verfügung zu stellen. Ein dem Aquarienwasser nach dem Ablaichen zugesetztes handelsübliches Desinfektionsmittel wirkt einem Pilzbefall der Eier entgegen. Das gesamte Gelege wird auf verschiedene Stellen im Aquarium verteilt. Der Laichvorgang kann sich über mehrere Stunden bis einige Tage hinziehen, währenddessen sich das Weibchen und die Männchen immer wieder für längere Zeit voneinander trennen. Inzwischen können bereits die ersten Larven schlüpfen, so daß die Elternfische herausgefangen werden müssen. Einige Arten produzieren nur wenige Eier (20 bis 25 bei *C. arcuatus* und *C. panda*), andere einige hundert (bis zu 1200 bei *C. zygatus*). Die Eier sind haftfähig und ziemlich groß, sie benötigen bei 23 bis 24 °C zwischen vier und sechs Tagen bis zum Schlupf.

Zwei bis drei Tage später schwimmen die Larven frei und halten sich in der Nähe des Bodens auf. Es ist sinnvoll, eine punktuelle Lichtquelle auf den Boden auszurichten, denn die Futtertiere – Salinenkrebs-Nauplien und Mikrowürmer – halten sich genau dort auf; tatsächlich lockt das Licht die Nauplien an. Später nehmen die kleinen *Corydoras* auch *Cyclops*, Grindalwürmchen und Wasserflöhe geeigneter Größe an. Einer peniblen Sauberhaltung kommt in dieser Zeit immense Bedeutung zu, und ein tägliches Absaugen von überschüssigen Futterresten und Abfallprodukten ist unverzichtbar. Vorsicht ist allerdings bei Wasserwechseln geboten, denn die Jungen sind sehr empfindlich gegenüber sich drastisch verändernden Umweltbedingungen. Die Wasserwerte dürfen sich nicht wesentlich verändern. Demzufolge dürfen stets nur kleine Wassermengen ersetzt werden; die Installation eines steten Zuflusses über einen Tropfregler wäre sicherlich das Nonplusultra!

Mit Erreichen von 15 bis 20 mm Länge sind die kleinen Welse fast zu Abbildern ihrer Eltern geworden. Sie haben nun eine beträchtliche Widerstandsfähigkeit entwickelt und können mehr als sieben Jahre alt werden.

Leider sind gerade die attraktiveren Panzerwelsarten oft schwieriger zu züchten. Andere, wie diese Corydoras aeneus, *gehören zu den leicht zu züchtenden Welsen. Foto: M.-P. & C. Piednoir*

Beim Ablaichen der Panzerwelse fallen einige Besonderheiten auf. Zwar wird während der Balz – wobei die Männchen die Weibchen heftig treiben und mit ihren Barteln betasten – hier und dort ein Blatt oder ein Stein als mögliches Substrat geputzt, tatsächlich kleben die Weibchen die Eier dann aber meist an völlig anderen Stellen an. Zur Laichzeit werden die Panzerwelse wesentlich unruhiger als vorher. Der ganze Schwarm wirbelt umeinander, die Weibchen werden oft jeweils von mehreren Männchen bedrängt. Dabei betasten die Geschlechter sich gegenseitig mit den Barteln. Schließlich gelingt es einem Männchen, quer vor das Weibchen zu gelangen und die Barteln des Weibchens mit seinen Brustflossen zu umklammern. Nun laicht das Weibchen mehrere Eier in die – eine Tasche bildenden – Bauchflossen ab, während das Männchen die Spermien einfach vor dem Weibchen ins Wasser entläßt. Das Männchen löst daraufhin die Umklammerung der Barteln und das Weibchen schwimmt mit den Eiern in der aus den Bauchflossen gebildeten Tasche, die nach vorn geöffnet ist, durch die Spermienwolke. Deshalb sind die Panzerwelseier, vor allem bei größeren Eipaketen, oft nur teilweise befruchtet. Abschließend klebt das Weibchen die Eier an einer ihm günstig erscheinenden Stelle an. Die Eier werden nicht betreut, aber von den Panzerwelsen meist auch nicht verspeist, wie es bei vielen anderen – nicht Brutpflege betreibenden – Arten vorkommt.

Balz und Ablaichen der Callichthyinae

Eine der zweifellos interessantesten Fischfamilien ist die der Callichthyiden, die über einige eigentümliche anatomische Besonderheiten verfügt: einen kräftigen, zugespitzten Kopf mit mehreren Paaren Barteln am Kiefer, allgemein große und bewegliche Augen, was für Fische ungewöhnlich ist, einen flachen Bauch und einen hoch gewölbten Rücken; Rücken- und Brustflossen, die mit kräftigen Stacheln versehen sind und eine Haut, die nicht durch Schuppen, sondern mittels knöcherner Platten geschützt ist, welche sich wie die Teile eines Panzers über die Flanken erstrecken. Diese wölben sich auch über den Kopf und den Rücken und haben den Fischen im deutschen Sprachgebrauch zu ihrem Namen „Panzerwels“ verholfen.

Der Langbärtige Schwielenwels, Dianema longibarbis, *errichtet ein Schaumnest, in dem er seine Eier deponiert. Foto: Dr. J. Schmidt*

Es handelt sich um die aquaristisch wichtige Familie der Callichthyidae, Panzer- und Schwielenwelse, die gemäß der Art

ihrer Panzerung in zwei Unterfamilien aufgeteilt wird. Zum einen sind dies die Callichthyinae, Schwielenwelse, mit den Gattungen *Callichthys*, *Dianema, Hoplosternum*, *Lepthoplosternum* und *Megalechis.* Ihnen stehen die Corydoradinae, Panzerwelse, gegenüber, die sich in die Gattungen *Aspidoras*, *Brochis* und *Corydoras* aufteilen. Letztere enthält dabei die weitaus meisten Arten, ihnen haben wir folglich ein eigenes Hobby-Buch gewidmet. Sie sind zwar zuweilen schwer voneinander zu unterscheiden, repräsentieren jedoch die aquaristisch interessanteste Gruppe.

Bei den nahe mit den Panzerwelsen verwandten Schwielenwelsen der Gattungen *Callichthys*, *Dianema*, *Hoplosternum*, *Lepthoplosternum* und *Megalechis* ist eine echte Brutpflege ausgebildet. Das Männchen errichtet ein Schaumnest an der Wasseroberfläche, mit Vorliebe unter einem größeren Pflanzenblatt. Mit dem Maul erstellt das Männchen aus einem Sekret, das aus Drüsen aus dem Maul entstammt, und atmosphärischer Luft grobe Schaumblasen, die – oft mit Pflanzenteilen vermengt – das Nest bilden. Meist beteiligt sich auch das Weibchen am Bau des Nests. Die Partner bewohnen das Revier schon mehrere Tage gemeinsam, so daß sie sich zuvor näher kennengelernt haben. Das Ablaichen erfolgt dann in ähnlicher Weise wie bei den *Aspidoras*-, *Brochis*- und *Corydoras*-Arten, indem das Männchen die Barteln des Weibchens mit den kräftigen Stacheln seiner Brustflossen einklemmt und sie fest an den Körper klemmt. Eine eigentliche Balz findet bei *Dianema* vor dem Ablaichen nicht statt. Das Weibchen schwimmt zum Männchen unter das Schaumnest und betastet es mit Maul und Barteln in der Genitalregion, wobei das Männchen ruhig am Ort verharrt. Daraufhin wird es umklammert und entläßt die Eier, welche in die aus den Bauchflossen gebildete Tasche rutschen. Danach sinkt das Weibchen auf den Boden und schwimmt erst nach einer kurzen Erholungszeit zum Nest. Dort betastet es erst das Nest mit dem Maul, dann dreht es sich auf den Rücken und klebt die Eier am Schaum, am Blatt, an Pflanzenteilen und an anderen in der Nähe befindlichen Gegenständen – wie auch der Aquarienscheibe – fest.

Links: Dianema longibarbis.

Unten: *Porträt eines* Lepthoplosternum pectorale-*Männchens. Alle Schwielenwelse errichten Schaumnester, doch sind sie für die Ei- und Larvalentwicklung nicht notwendig. Fotos: Dr. J. Schmidt*

Die in der Aquaristik beliebten Ancistrus-*Arten zählen zu den Harnischwelsen. Hier ein* Ancistrus *cf.* hoplogenys-*Weibchen. Foto: Dr. J. Schmidt*

Nach mehreren Laichakten können in der gesamten Laichphase von einem Weibchen bis zu 700 Eier angeklebt werden. Nach Beendigung des Ablaichens wird das Weibchen vom Männchen verjagt. Das Männchen betreut den Laich und vertreibt Fremdfische aus der Nähe des Nests. Die Jungen werden etwa vier Tage bewacht, bis sie schlüpfen und zu Boden fallen. Das Männchen bewacht weiterhin das gesamte Brutrevier.

Das Bodenleben vieler Jungwelse

Für die Brut der meisten Welse ist es typisch, daß die frisch geschlüpften Larven zuerst einmal im Hohlraumsystem des Bodengrunds verschwinden. Hier leben sie einige Tage, gut vor dem Verdriften durch eine starke Strömung geschützt, von dort reichlich vorhandenen Kleinstorganismen. Auch vor der Verfolgung durch viele Räuber sind die Jungwelse im Bodensubstrat relativ sicher. Leider gehen die Jungwelse im Aquarium im Labyrinth der dicken Bodenschicht aus grobem Kies meist verloren, weil sie keinen Ausweg mehr finden. So verhungern oder ersticken sie dann. Für Welsaquarien ist feinkörniger Bodengrund bis maximal 2 mm Korngröße ideal. Dieser Bodengrund kommt auch der Vorliebe vieler Arten zum Graben und Gründeln entgegen. Nach etwa einer Woche tauchen die Jungen dann wieder auf und bilden bald einen Schwarm oder lockere Verbände.

Harnischwelse, Loricariidae

Beliebte brutpflegende Aquarienfische sind auch viele Harnischwelse aus der Familie Loricariidae. Interessant ist ihr zur Ansaugvorrichtung umgestaltetes

Maul. Mit ihm können sie sich an Unterlagen ansaugen. Diese Welse sind häufig Bewohner schnell fließender oder sogar reißender Gewässer, worin sie den Aufwuchs von Steinen und Holz abraspeln. Die Fortpflanzung der Harnischwelse ist nur von wenigen Arten bekannt. Auch zu den Harnischwelsen finden Sie unter dem Titel „Ihr Hobby – Harnischwelse" ein eigenes Buch in dieser Reihe. Es gibt Offen-, Substrat- sowie Versteckbrüter unter den Harnischwelsen. In allen bekannten Fällen handelt es sich um Brutpfleger mit Vaterfamilie.

Balz und Ablaichen beim Blauen Antennenwels

Am genauesten ist sicher das Fortpflanzungsverhalten von *Ancistrus dolichopterus* bekannt, einer Art, die sich bei richtiger Ernährung auch im Liebhaberaquarium willig fortpflanzt. Das Männchen beansprucht eine enge Höhle und die nähere Umgebung als Revier und verteidigt dieses gegen Artgenossen. Ein laichreifes Weibchen dringt in das Revier ein und wird anfangs noch aggressiv vertrieben. Durch ständiges Wiederholen wird das Weibchen schließlich vom Männchen geduldet, und die Partner betasten sich gegenseitig mit den Mäulern und Antennen. Dann geleitet das Männchen das Weibchen mit auffälligen Schlängelbewegungen des Schwanzes zum Laichplatz. In der Höhle heften sich die Partner hintereinander an, und das Weibchen laicht die Eier ab. Etwas später entläßt das Männchen die Spermien und fächelt sie mit Flossenbewegungen in die Höhle, so daß gewöhnlich das gesamte Gelege befruchtet wird. Nachdem das Weibchen alle Eier, die in ein oder zwei Klumpen angeheftet werden, abgelaicht hat, verläßt es die Höhle. Die Eier sind etwa 3 mm groß und, für Versteckbrüter typisch, auffällig orange gefärbt. Das Männchen tastet die Eier mit dem Saugmaul ab und befreit sie so von Schmutzpartikeln. Dann heftet es sich in der Höhle direkt vor der Öffnung fest und fächelt mit regelmäßigen Bauchflossenbewegungen sauerstoffreiches Frischwasser in die Höhle. Unbefächelte Höhlenbrütereier entwickeln sich meist nicht. Das Gelege wird etwa vier

Das Ancistrus-Gelege wird vom Weibchen in ein oder zwei Laichballen in der vom Männchen gegrabenen Laichhöhle deponiert.

Unten:
Nur zum eigentlichen Ablaichen befinden sich beide Ancistrus dolichopterus-Partner in der Bruthöhle. Das Männchen sitzt in der Höhlenöffnung und fächelt mit Flossenbewegungen die Spermien zu den Eiern. Nach dem Ablaichen verläßt das Weibchen die Höhle, und das Männchen übernimmt die Brutpflege allein.
Fotos: Dr. J. Schmidt

Brutpflegendes Ancistrus dolichopterus-*Männchen.*

Unten:
Um Harnischwelse in Fortpflanzungsstimmung zu bringen, ist – neben häufigen Teilwasserwechseln – viel Moorkienholz im Aquarium wichtig.
Fotos: Dr. J. Schmidt

Nähere Angabe zur Brutpflege bei Ancistrus- *und* Sturisoma-*Arten sowie anderen Harnischwelsen finden Sie im Buch: „Ihr Hobby Harnischwelse".*

Tage befächelt, bis die Larven mit einem großen gelben Dottersack schlüpfen. Der Vater versperrt fächelnd den Höhlenausgang und verhindert das Ausschwärmen der Larven. Nach etwa fünf weiteren Tagen ist ihr Dottersack aufgezehrt, und die etwa 1,2 cm langen Jungwelse gehen erstmals außerhalb der Höhle auf Nahrungssuche. Nun erst erlischt die Brutpflegemotivation des Vaters. Beide Eltern stellen Jungwelsen gewöhnlich nicht nach. Es konnte aber beobachtet werden, daß Weibchen dem dotterreichen Laich und frischgeschlüpften Larven, die vom fächelnden Vater aus dem Nest gewirbelt wurden, nachstellen. Das passiert aber nur, wenn der Laich aus noch unbekannten Gründen in der Bruthöhle nicht richtig kleben bleibt und die Larven zu früh ausschwärmen.

Balz und Ablaichen bei *Sturisoma*

Die Arten der interessanten Harnischwelsgattung *Sturisoma* sind Offenbrüter mit Brutpflege als Vaterfamilie. Sie halten sich auch außerhalb der Laichzeit nur selten in Höhlen oder Verstecken auf. Durch ihre langgestreckte Gestalt ergibt sich zwischen Holz und Wasserpflanzen eine hervorragende Tarnung. Bei *Sturisoma aureum* werden die Harnischwelse, die sonst tagsüber am Moorkienholz ruhen, zur Laichzeit auch am Tage deutlich aktiver. Das Männchen färbt sich dunkler und verfolgt das Weibchen durch das Aquarium. Oft rivalisieren die Männchen gegeneinander, wobei sie schwanzflossenschlagend nebeneinander liegen oder sich mit den Köpfen fortzuschieben versuchen, wie es auch bei anderen Harnischwelsen der Fall ist. Zwischenzeitlich sucht das Männchen den späteren Laichort auf und liegt dort flossenfächelnd angeheftet, als würde es bereits die Brut pflegen. Bald nähert sich das Weibchen dem fächelnden Männchen und säubert den Laichplatz durch Abraspeln mit dem Maul. Auch das Männchen beteiligt sich an der Säuberung des Substrats, wobei es sich neben dem Weibchen anheftet, meist aber etwas weiter hinten bleibt. Nach Franke hat das Weibchen sein Rostrum, den Kopffortsatz, in der Höhe einer Bauchflosse des Weibchens. Zur Paarung schwimmt dann das Männchen ruckartig nach vorn, so daß nun umgekehrt das Weibchen mit dem Kopf neben den Bauchflossen des Männchens liegt. Das Männchen imponiert nun, indem es den Körper seitlich zum Weibchen hin verkantet, bis die Rükkenlinie zum Weibchen deutet. Dabei werden die Flossen weit abgespreizt. Sodann richtet es sich wieder auf, und das Weibchen saugt sich an einer Bauchflosse fest. Kurz danach gibt das Weibchen unter pressenden Körperbewegungen ruckartig drei bis sieben Eier ab, die wenige Zentimeter hinter dem Paar haften bleiben. Die Eier werden vom Weibchen sehr ruckartig abgegeben, wobei es den Schwanzstiel etwas anhebt. Nach einer Anzahl von Laichakten, wobei die gesamte Laichphase nur etwa eine halbe Stunde dauert, sind etwa 120 Eier abgelaicht, die etwas verstreut angeheftet werden.

Sturisoma panamense laicht ebenso ab, bei dieser Art sind die Eier aber dicht beisammen und wirken ordentlich zu einem Oval angeklebt. Bei beiden Arten verläßt nun das Weibchen das Männchen, welches sich über dem Laich anheftet und allein die Brutpflege übernimmt. Es liegt über dem Gelege und führt flossenschlagend mit Brust- und Bauchflossen Frischwasser zu. Die Fächelbewegungen werden gegen Abend intensiver. Die Jungen schlüpfen bei 26 bis 28 °C Wassertemperatur nach etwa fünf Tagen. Drei weitere Tage später haben sie ihren Dottervorrat aufgezehrt und beginnen mit der Nahrungsaufnahme. Nun sind sie vom Vater unabhängig und gehen ohne Schwarmbindung ihre eigenen Wege.

Substrat- und Maulbrutpflege

Die Welse lassen sich wie andere größere Unterordnungen oder Familien der Fische in unterschiedliche Brutpflegetypen unterteilen, wobei sich die höher spezialisierten Höhlen- und Maulbrutpfleger morphologisch und stammesgeschichtlich von den einfacheren Frei- und Haftlaichern herleiten lassen. Bei Darstellung weiterer Arten wird deutlich, daß ein enger Zusammenhang zwischen den Brutpflegeformen besteht.

Aus den Eigenschaften der Eier und ihrer Menge sowie den sich daraus entwickelnden Nachkommen läßt sich eine direkte Beziehung herleiten. Freilaicher laichen zahlreiche kleine, meist tarnfarbige oder glasige Eier. Dies ist, soweit bekannt, bei den verschiedenen Glaswelsen der Fall. Haftlaicher ohne Brutpflege, wie beispielsweise die Corydoradinae, besitzen wenige größere Eier, die durch ihre glasige bis olive oder weiße Färbung auch relativ gut getarnt sind und oft versteckt angeklebt werden. Brutpflegende Haftlaicher, wie die Arten der Unterfamilie Callichthyinae oder *Sturisoma*-Arten, besitzen bereits größere, aber noch tarnfarbige olive oder weiße Eier, und echte Höhlenbrüter wie *Ancistrus*- und *Pterygoplichthys*-Arten (im weiteren Sinne, also einschließlich der Gattungen *Glyptoperichthys* und *Liposarcus*) können sich farbige, orange-gelbe Eier leisten, da die dotterfarbigen Eier und Larven dem Zugriff von Freßfeinden durch das Versteck in der Höhle entzogen sind. Dennoch gibt es Ausnahmen. So laichen *Rineloricaria*-Arten offen und haben dennoch teilweise dotterreiche, gelbe oder grüne Eier, die aber wesentlich kleiner als jene der *Ancistrus*- und *Pterygoplichthys*-Arten sind. Es kann davon ausgegangen werden, daß die Verluste geringer sind, wenn weniger Eier gelaicht werden, denn im Schnitt müssen je Elternpaar zwei Jungfische zur Fortpflanzung gelangen, um den Bestand der Art zu sichern. Bei Versteckbrütern, worunter Maul- und Höhlenbrüter zusammengefaßt werden, müssen also weniger Eier gelegt werden, die dafür größer und farbiger sein können. Aus größeren Eiern schlüpfen auch größere Larven, die dann bereits widerstandsfähiger sind und auch von vornherein größere Beute und andere gröbere Nahrung aufnehmen können. Die größeren Jungfische sind also der Konkurrenz weitgehend ausgewichen und haben einen Entwicklungsvorsprung. Die größeren Eier fallen natürlich auch mehr auf und müssen deshalb besonders geschützt werden. Eine Orange-Rot-Färbung des Dotters muß für die Entwicklung der Jungtiere von Vorteil sein, denn überall dort in der Natur, wo die Eier durch Verstecke oder auf andere Weise geschützt sind, tritt farbiger Dotter auf. Das ist nicht nur bei höhlenbrütenden Welsen so, auch bei Buntbarschen, Labyrinthfischen und anderen Ordnungen sind farbige Eier festzustellen. Und der Leser denke nur an das naheliegende Beispiel des gelben Eidotters der Vögel, die ihre Eier meist durch tarnfarbige Schalen

Die Panzerwelse, hier der Metallpanzerwels, Corydoras aeneus, *gehören zu den offenlaichenden Arten ohne Brutpflege, da das „Putzen" des Laichsubstrats ein ritualisiertes Verhalten ist und nicht der Sauberhaltung der Eier oder deren Unterlage dient.*
Foto: Dr. J. Schmidt

und intensive Brutpflege schützen. Bei der Weiterentwicklung und fortschreitenden Spezialisierung der Arten nimmt die Gelegegröße nur langsam ab und die Eigröße nur langsam zu – wobei es selbstverständlich auch Ausnahmen gibt. Beispielsweise laicht bei den Buntbarschen der maulbrütenden kleine *Pseudocrenilabrus* größere Eier als der riesige freilaichende *Boulengerochromis*. Dabei muß dennoch die absolute Körpergröße in Relation zur Eigröße gesetzt werden, denn der bis 3 m große Waller, *Silurus glanis*, kann naturgemäß wesentlich größere Eier laichen als beispielsweise kleine, nur bis 4 cm große *Aspidoras*-Zwergpanzerwelse.

Die meisten Eier der Welse sind mit einem Klebesekret oder besonderem Haftapparat versehen, der im natürlichen Wasser das Kleben der Eier sichert. Dieser Haftapparat ist bei manchen Höhlenbrütern sowie Maulbrütern und Brutparasiten („Kuckuckswelse" der Gattung *Synodontis*) stark zurückgebildet. Die Spezialisierung der Welse auf die alleinige Brutpflege der Männchen vermeidet die Notwendigkeit der Entwicklung komplizierter Balzspiele, wie sie bei vielen Barschartigen zum Kennenlernen der Partner nötig sind. Dafür sind bei Arten mit intensiver Brutpflege Geschlechtsdimorphismen in Form von Bärten oder

Antennen entwickelt, die den Partnern die Erkennung der Geschlechtszugehörigkeit erleichtern und zugleich mit hoher Wahrscheinlichkeit als Signal zur Arterkennung dienen.

Maulbrüterwelse: Kreuzwelse, Ariidae

Bei den Welsen ist analog zu anderen Fischgruppen – Buntbarschen, Cichlidae, Labyrinthfischen, Anabantoidei, und Schlangenkopffischen, Channidae – in einigen Gattungen Maulbrutpflege vorhanden.
Maulbrüterwelse sind insbesondere in der Familie Ariidae vertreten. Auch hier sind es die Männchen, welche die Eier in ihrer Mundhöhle pflegen. Den Hauptanteil der Brutpflege auf die Männchen zu verteilen, scheint für die Arten vorteilhaft zu sein, da dann die vom Ablaichen oft sowieso geschwächten Weibchen schneller wieder Nahrung aufnehmen können und bald erneut Laich ansetzen. So stehen sie schneller wieder zur Fortpflanzung zur Verfügung und die Reproduktionszeit ist kürzer.
Hierzu eine Hypothese: Bei den Buntbarschen, bei denen oft die Weibchen die Brutpflege übernehmen, ist der prozentuale Weibchenanteil in der Gesamtpopulation zahlenmäßig durch die erhöhte Gefährdung der Männchen aufgrund ihrer Farbigkeit gegenüber Freßfeinden ausgeglichen. So kommt es, daß weniger Weibchen als Männchen geboren werden, hauptsächlich Männchen den Räubern zum Opfer fallen und schließlich mehrere Weibchen mit einem Männchen ablaichen, wobei wegen der Tarnfärbung der Weibchen bei ihnen die Brut besser geschützt ist. Selbstverständlich gibt es auch Ausnahmen, wie bunte Weibchen, und häufig übernehmen die Männchen die Brutpflege oder beide Partner.
Da viele Welse gut mit Knochenplatten gepanzert und zudem sehr stachelig sind, fallen nur wenige der außerdem meist äußerst gut getarnten und nachtaktiven Welse Freßfeinden zum Opfer. Einer Gefährdung sind fast ausschließlich die Jugendstadien ausgesetzt, um so höher ist der Stellenwert der Brutpflege einzuschätzen.
Kreuzwelse sind oft Meeresfische, deshalb ist über ihre Fortpflanzung nur wenig bekannt. Nach VOGT besitzt der Soldatenwels, *Osteogeneiosus militaris*, gelbe Eier von etwa einem Zentimeter Durchmesser, wobei das Männchen nur zehn bis 15 Eier trägt. Eine andere Art der Gattung *Tachysurus* soll gleichzeitig Eier und Jungfische in verschiedenen Entwicklungsstadien im Maul pflegen, wobei noch Junge bis zu 4 cm Länge im Maul geschützt werden. Die Art *Tachysurus sagor* erreicht aber auch immerhin 50 cm Gesamtlänge.
Auch die anderen Arten der Familie Ariidae, die vornehmlich im Meerwasser leben, sind vorwiegend maulbrutpflegend. Manche der *Arius*- und *Hexanemichthys*-Arten leben im Brackwasser, andere leben ständig im Süßwasser. Zur Pflege im Aquarium ist deshalb für einige Arten ein Meersalzzusatz zum Wasser erforderlich, ihre Zucht ist allerdings

noch nicht gelungen. Aquaristisch näher bekannt ist der in Westamerika weit verbreitete Kreuzwels, im Zoohandel meist als Minihai angeboten, *Arius seemani*. Die Art wird bis 30 cm groß und ist ein Maulbrüter, ebenso wie *Hexanemichthys bernayi* und *H. leptaspis*. Diese *Hexanemichthys*-Arten werden in ihrer Heimat Australien manchmal im Aquarium gepflegt. Die beiden Arten sind sich im Äußeren sehr ähnlich, *H. bernayi* wird jedoch nur 25 cm lang, während *H. leptaspis* bis zu einen Meter Länge erreicht. Die Arten sind maulbrütend, und die Männchen tragen etwa 150, circa 1,5 cm große Eier im Maul. Bei den Weibchen bildet sich zur Laichzeit zwischen den Bauchflossen eine Falte, die wahrscheinlich zum Auffangen der Eier dient. Zur Balz und Fortpflanzung dieser im Süßwasser lebenden Arten liegen leider keine näheren Informationen vor.

Vom Substrat- zum Maulbrüter

Zur Entstehung der Maulbrutpflege bei Welsen kann bei dem heutigen geringen Stand der Kenntnis noch nicht viel gesagt werden. Es liegt jedoch nahe, zu vermuten, daß die Brutpflege, bei der das Gelege durch Ablutschen von Schmutzteilchen sowieso ins Maul genommen wird, Ausgangspunkt dieser Entwicklung ist. Auch bei Welsen ist der Zusammenhang sichtbar, daß bei Fischen ohne Brutpflege (oder bei Brutpflege mit Elternfamilie) beide Geschlechter weitgehend gleich gefärbt und gestaltet sind, während mit fortschreitender Spezialisierung in der Brutpflege in Richtung Versteckbrüten – mit unterschiedlichen Aufgaben der Geschlechter – ein deutlicherer Geschlechtsdimorphismus der Fische auftritt (wie es zum Beispiel bei vielen lebendgebärenden Fischen der Fall ist).

Synodontis multipunctatus *ist ein „Kuckuckswels". Foto: M.-P. & C. Piednoir*

Blauer Antennenwels

Art: *Ancistrus dolichopterus* (VALENCIENNES, 1840) (13-15 cm).

Verbreitung: Amazonien, Nordbrasilien, Französisch-Guyana und Surinam.

Lebensraum: Wie die meisten Harnischwelse lebt auch diese Art bevorzugt in den Uferbereichen stehender und fließender Gewässer. Die Welse halten sich meist in der Nähe von ins Wasser gefallenem Holz auf, doch ist der Blaue Antennenwels in der Natur nicht darauf angewiesen und kann durchaus zeitweise auf Zellulose verzichten.

Aquarium: Für ein Paar oder ein Männchen mit mehreren Weibchen genügt ein Aquarium ab 1 m Länge. Im Aquarium muß Moorkienholz vorhanden sein. Falls die Welse beim Abraspeln des Substrats die Wasserpflanzenblätter beschädigen, muß zusätzlich genügend Nahrung pflanzlichen Ursprungs angeboten werden. Höhlen sind als Verstecke und mögliche Brutplätze wichtig.

Wasser: 22-26 °C, pH-Wert 5-7, 1-18 °dGH.

Nahrung: Algen, Futtertabletten, Futterreste der vergesellschafteten Fische, auch tierischen Ursprungs, und pflanzliches Futter wie Gurke, Salat, Erbsen, Löwenzahn etc.

Fortpflanzung: Die Welse laichen in vorhandenen oder selbstgegrabenen Höhlen. Das Männchen betreibt Brutpflege.

Zucht: Sofern das Wasser nicht zu hart ist und geschlechtsreife Partner vorhanden sind, ist die Vermehrung dieser Welse kaum zu unterbinden (näheres siehe im Kapitel Fortpflanzung, Seite 29-30).

Besonderheiten: Ein friedlicher und gesellschaftsfähiger Wels, der gut in alle Aquarien mit weichem bis mittelhartem Wasser paßt.

Durch seine äußerst variable Färbung und Zeichnung wurden abweichende Formen und Altersphasen als eigene Arten beschrieben. Beispielsweise ist *Ancistrus temminckii* ein häufig benutztes Synonym.

Mein Tip: Diese beliebte Art kann jedem Aquarianer sehr empfohlen werden. Vor allem die Jungwelse sind aktive Algenvernichter, die sich gut als Erstbesatz im neu eingerichteten Aquarium eignen, um den zunächst immer entstehenden Algenwuchs von vornherein einzudämmen. Dadurch ist dieser Wels einer der wichtigsten „Nutzfische" in der Aquaristik, aber darüberhinaus eine interessante Art.

Ganz links: *Der Blaue Antennenwels,* Ancistrus dolichopterus, *ist ein häufig gepflegter Harnischwels, der manchmal auch unter dem Namen* A. temminckii *angeboten wird. Foto: M.-P. & C. Piednoir.*

Ein Ancistrus cf. hoplogenys-*Männchen, das durch den ständigen Aufenthalt in einer schwach durchströmten Höhle trübe Augen bekommen hat. Foto: Dr. J. Schmidt*

Aspidoras pauciradiatus ist ein anspruchsvoller kleiner Wels, der unbedingt im Schwarm gepflegt werden muß. Nur fortgeschrittene Aquarianer sollten sich mit diesem Zwergwels beschäftigen. Foto: Dr. J. Schmidt

Achtung: *Aspidoras pauciradiatus* ist ein sensibler Weichwasserfisch!

Zwergpanzerwels

Art: *Aspidoras pauciradiatus* (WEITZMAN & NIJSSEN, 1970) (3 cm).

Verbreitung: Brasilien, Rio Araguaia und Rio Negro.

Lebensraum: Feinsandige Urwaldgewässer, vor allem Schwarzwasser.

Aquarium: Diese sensiblen kleinen Welse sollten im Artaquarium gepflegt werden. Eine Vergesellschaftung ist nur mit anderen kleinen Fischen, die ebenfalls wenig und langsam fressen, sinnvoll. Eine Sandfläche zum Gründeln im Vordergrund und eine dichte Randbepflanzung sind wichtig.

Wasser: 24-28 °C, pH-Wert 6-7, 2-12 °dGH.

Nahrung: Futtertabletten, feines Flocken- und Lebendfutter.

Fortpflanzung: Substratlaicher, ohne Brutpflege (s. a. im Buch: „Ihr Hobby *Corydoras*-Panzerwelse“).

Zucht: Schwierig, Ansatz einer Gruppe, am besten mit Männchenüberschuß. Nach einer mehrtägigen gehaltvollen Fütterung, beispielsweise mit Mückenlarven, kann das Ablaichen durch mehrmalige tägliche Teilwasserwechsel ausgelöst werden. Die Zucht gelingt trotzdem nur ausnahmsweise und ist viel seltener als bei anderen Panzerwelsen.

Die nach vier bis fünf Tagen schlüpfenden Larven können sofort nach dem Freischwimmen, etwa einen Tag nach dem Schlupf, mit frisch geschlüpften *Artemia*-Nauplien und feinstem Flokkenfutterstaub ernährt werden.

Besonderheiten: Dieser prächtige kleine Wels ist leider sehr empfindlich.

Die *Aspidoras*-Arten unterscheiden sich durch einen abweichenden Knochenbau, vor allem beim Kopfskelett, von *Brochis* und *Corydoras*.

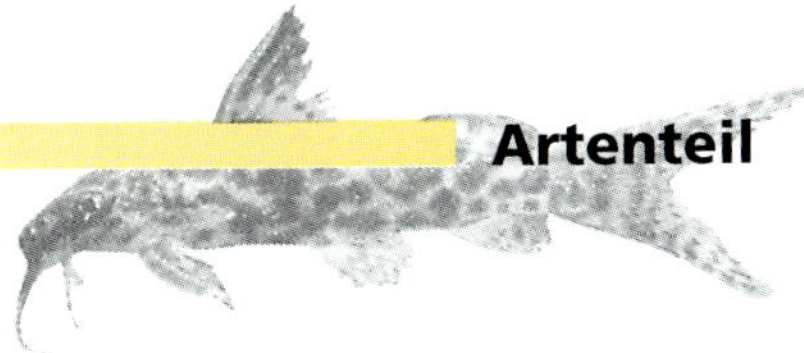

Bei diesen Augenfleckwelsen weicht die Körperzeichnung etwas vom üblichen Schema ab. Die Welse sollten deshalb als Auchenoglanis *cf.* occidentalis *bezeichnet werden.*
Foto: M.-P. & C. Piednoir

Augenfleck- oder Giraffenwels

Art: *Auchenoglanis occidentalis* (VALENCIENNES, 1840) (40-50 cm).
Verbreitung: Afrika, Victoriasee, Nil, Kongo sowie weitere Flüsse und Seen.
Lebensraum: Bevorzugt versteckreiche Bereiche in der Uferzone der Gewässer.
Aquarium: Ein großes Aquarium ab 150 cm Länge ist wichtig, obwohl der Wels wenig aktiv ist. Außerdem benötigt er Versteckmöglichkeiten und einen feinkiesigen Bodengrund zum Gründeln.
Wasser: 23-27 °C, pH-Wert 5-7, 4-18 °dGH.
Nahrung: Futtertabletten, Futterreste der vergesellschafteten Fische und vor allem Futter tierischen Ursprungs.
Fortpflanzung: Unbekannt.
Besonderheiten: Gegenüber größeren Fischen relativ friedlich. Obwohl dieser Wels öfters angeboten wird, wird er eigentlich fürs Heimaquarium zu groß.

Buckel-Stachelwels

Art: *Bagroides macracanthus* (BLEEKER, 1852) (17 cm).
Verbreitung: Indonesien: Borneo und Sumatra; nicht in Myanmar und Thailand.
Lebensraum: Klarwasserflüsse und -bäche der Gebirge.
Aquarium: Diesem Wels genügen bereits Aquarien ab einem Meter Länge, allerdings muß das Wasser gut gefiltert sein. Moorkienholz muß nicht unbedingt verwendet werden, frisches ist sogar ungünstig, weil das Aquarienwasser für die Pflege dieser Art klar bleiben muß.
Eine Vergesellschaftung mit nicht zu kleinen und friedfertigen Fischen ist gut möglich. So paßt der Buckel-Stachelwels gut in ein Südostasien-Aquarium mit Schmerlen, Barben, Bärblingen und Labyrinthfischen.
Wasser: 22-26 °C, pH-Wert 6-8, 4-24 °dGH.

Dieser schöne Wels erhielt aufgrund einer Fehlbestimmung den Deutschen Namen Buckel-Stachelwels. Wissenschaftlich heißt er korrekt Bagroides macracanthus.

Nahrung: Futtertabletten, -flocken und Futterreste der vergesellschafteten Fische.
Fortpflanzung: Unbekannt; Männchen haben aber eine deutlich sichtbare weiße Urogenitalpapille vor der Afterflosse.
Besonderheiten: Dieser Wels wird oft unter dem falschen Namen *Bagrichthys hypselopterus* gehandelt und auch in manchen Büchern so genannt. Diese Art wird aber mit etwa 40 cm Körperlänge mehr als doppelt so groß und ist als Räuber für das normalgroße Heimaquarium kaum geeignet. Außerdem stammt *Bagrichthys hypselopterus* aus Myanmar (Burma) und Thailand und gelangt nur sehr selten in den Zoofachhandel. Erstaunlicherweise wird dieser Wels manchmal wiederum falsch mit dem Namen *Heterobagrus bocourti* belegt – ein unnötiges Durcheinander, das bei einer aufmerksamen Lektüre der Erstbeschreibungen leicht hätte vermieden werden können, zumal auch in der aquaristischen Literatur richtige Zuordnungen vorliegen.
Mein Tip: Der echte *Bagroides macracanthus* ist ein attraktiver Aquarienfisch, mit dem Zuchtversuche bei guter Wasserqualität lohnenswert erscheinen.

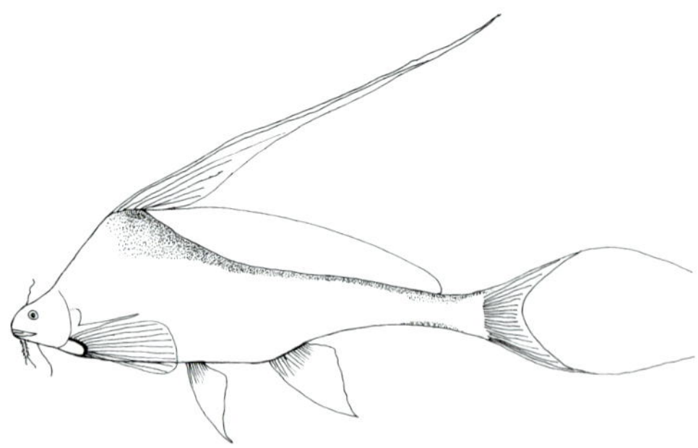

Zum Vergleich: Der echte Bukkel-Stachelwels, Bagrichthys hypselopterus. *Auch dieser Wels wird manchmal unter falschem Namen gehandelt. Abbildungen: Dr. J. Schmidt*

Der Blaue Imitatorwels, Brachyrhamdia marthae, *kommt in der Natur in gemischten Schwärmen mit Panzerwelsen vor. Die Jungfische ähneln* Corydoras pygmaeus, *und ihre Schwärme vermischen sich im Aquarium. Leider sind noch keine Beobachtungen aus der Natur bekannt. Fotos: Schmidt*

Blauer Imitatorwels

Art: *Brachyrhamdia marthae* SANDS & BLACK, 1985 (9 cm).

Verbreitung: Südamerika, Peru.

Lebensraum: Unbekannt, weil diese Welse lediglich aus Importen ungenauer Herkunft bekannt sind.

Aquarium: Ein Aquarium ab 100 l Inhalt genügt für die Pflege einiger Exemplare dieser Art. Obwohl es kein echter Schwarmfisch ist, sollte – wie bei *Corydoras* – immer eine Gruppe gepflegt werden. Eine Vergesellschaftung mit Panzerwelsen und Salmlern ist gut möglich.

Wasser: 24-28 °C, pH-Wert 6-7, 4-15 °dGH.

Nahrung: Futtertabletten; nimmt auch die Futterreste der vergesellschafteten Fische, kann aber allein damit nicht ernährt werden. Dieser Wels benötigt vor allem Nahrung tierischen Ursprungs wie Mückenlarven und Wasserflöhe.

Fortpflanzung: Unbekannt.

Mein Tip: Gemeinsam mit Panzerwelsen pflegen.

Der Smaragdpanzerwels, Brochis splendens, *ist ein zu den* Corydoras-*Arten sehr ähnlicher Wels, der auch ähnliche Pflegeansprüche stellt.*

Schwielenwelse, Callichthys callichthys, *und* Dianema longibarbis *(Foto) sind robuste Fische, die außerdem aufmerksame Brutpfleger sind, und deshalb den Aquarianer trotz ihrer Unscheinbarkeit zu begeistern vermögen.*

Smaragdpanzerwels

Art: *Brochis splendens* CASTELNAU, 1855 (9 cm).
Verbreitung: Südamerika: Brasilien, Ekuador und Peru.
Lebensraum: Die Welse leben vor allem in den Uferregionen langsam fließender Gewässer und deren Überschwemmungsbereichen.
Aquarium: Größere Aquarien ab etwa 160 l Inhalt vom „*Corydoras*-Typ", also mit einer freien Sandfläche zum Gründeln im Vordergrund und ansonsten dichter Bepflanzung.
Wasser: 24-28 °C, pH-Wert 6-7, 4-16 °dGH.
Nahrung: Futtertabletten, -flocken, Futterreste der vergesellschafteten Fische.
Fortpflanzung: Substratlaicher ohne Brutpflege.
Zucht: Ähnlich wie bei anderen Panzerwelsen; die Geschlechter sind am Körperumfang leicht unterscheidbar, die Weibchen können bis zu 300 Eier ablaichen, deshalb ist ein Männchenüberschuß sinnvoll.
Besonderheiten: Ein prächtiger Wels, der allerdings etwas höhere Ansprüche an die Wasserqualität stellt als manche andere Panzerwelse.

Schwielenwels

Art: *Callichthys callichthys* (LINNAEUS, 1758) (18 cm).
Verbreitung: Im tropischen Südamerika weit verbreitet.
Lebensraum: Versteckreiche Uferbereiche von langsam fließenden und stehenden Gewässern.
Aquarium: Aquarien ab 1 m Länge sind für ein Paar oder eine kleine Gruppe sowie einige Gesellschaftsfische geeignet. Jedem der nachtaktiven Welse muß mindestens ein eigenes Versteck zur Verfügung stehen.
Wasser: 24-28 °C, pH-Wert 6-7, 4-18 °dGH.
Nahrung: Futtertabletten, Futterreste der vergesellschafteten Fische und tierisches Futter wie Mückenlarven oder Wasserflöhe, nimmt auch püriertes Rinderherz.

Fortpflanzung: Schaumnestbauer mit Brutpflege durch das Männchen (genaueres s. S. 26-28).
Zucht: Einfach.
Besonderheiten: Bei der Brut sehr aggressiv.

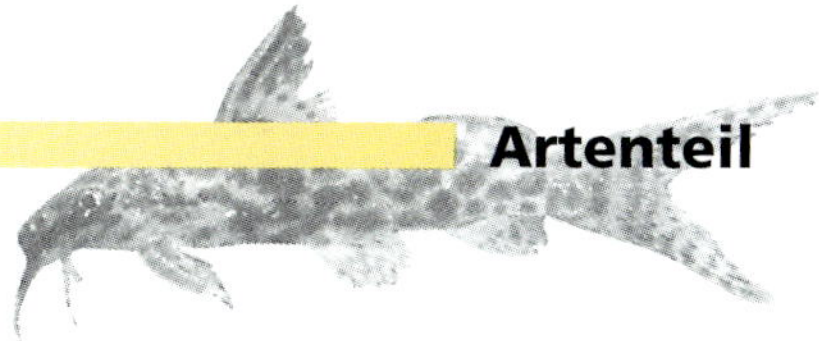

Der Hindu-Wels, *Chandramara chandramara*, ist eine gut für die Aquaristik geeignete Art.

Hindu-Wels

Art: *Chandramara chandramara* (HAMILTON, 1822) (10 cm).

Verbreitung: Indien, Bangla Desh und Myanmar (ehemals Burma).

Lebensraum: Fließ- und Stehgewässer, auch in sauerstoffarmen Sümpfen und Reisfeldern.

Aquarium: Für den friedlichen Wels genügt ein Aquarium ab 80 cm Länge.

Wasser: 22-26 °C, pH-Wert 5-7, 4-16 °dGH.

Nahrung: Futtertabletten, Flockenfutter und diverse Gefrierfuttersorten.

Fortpflanzung: Unbekannt.

Besonderheiten: Zu diesem in jüngerer Zeit häufiger importierten Wels ist bisher kaum etwas bekannt. Da er friedlich und gut zu halten ist, wäre ein Zuchtversuch sicher lohnenswert.

Froschwels

Art: *Clarias batrachus* (LINNAEUS, 1758) (60 cm).

Verbreitung: Südostasien: Indien, Sri Lanka, Bangla Desh, Myanmar (Burma), Thailand, Vietnam, Laos und Malaysia.

Lebensraum: In allen Gewässertypen, auch in sehr sauerstoffarmen Gewässern und Reisfeldern.

Aquarium: Nur in großen Aquarien haltbar, stellt keine besonderen Ansprüche.

Oben: Froschwelsalbino-Porträt, *Clarias batrachus*. Foto: Piednoir

Links: Junger Froschwelsalbino. Fotos: J. Schmidt

Wasser: 18-28 °C, pH-Wert 5-8, 4-25 °dGH.
Nahrung: Allesfresser und Räuber.
Fortpflanzung: Das Weibchen legt die Eier in eine nestähnliche Grube, das Männchen betreibt Brutpflege. Das Weibchen laicht bis zu 1500 Eier. Bei 30 °C Wassertemperatur schlüpfen die Larven bereits nach einem Tag.
Zucht: Die Zucht ist aufgrund der Körpergröße im Aquarium noch nicht gelungen, die Art wird aber in Teichanlagen problemlos in großen Zahlen vermehrt.
Besonderheiten: Dieser gefräßige Wels kann nur mit großen Fischen vergesellschaftet werden. Dabei darf auch nicht übersehen werden, daß das Maul und der Bauch dieser Welse weit dehnbar sind, so daß weit größere Beute verschlungen werden kann, als ihr Körperdurchmesser vermuten läßt.
Mein Tip: Hände weg von diesem Wels!

Die Panzerwelse der artenreichen Gattung Corydoras *sind zum Teil schwer bestimmbar. Ein Beispiel für solche Verwechslungen ist der abgebildete* Corydoras trilineatus, *der im Handel oft unter dem Namen* C. julii *angeboten wird.*
Foto: M.-P. & C. Piednoir

Panzerwelse

Gattung: *Corydoras* LACÉPÈDE, 1803.
Weil es schwierig ist, aus dieser heterogenen Gattung einzelne typische Beispiele herauszugreifen und die Panzerwelse ohnehin in einem speziellen Hobby-Buch genauer vorgestellt werden, folgen hier nur einige allgemeine Bemerkungen zu diesen in der Aquaristik zu recht beliebten Welsen.
Die Gattung *Corydoras* ist über weite Bereiche des tropischen Südamerikas verbreitet und zwischen Trinidad und Argentinien anzutreffen. Die weitaus größte Artenvielfalt findet sich jedoch im Amazonasbecken. Die Welse bewohnen eine Vielzahl verschiedener Lebensräume, kommen allerdings fast nie in typischem Schwarzwasser mit seinen sehr sauren pH-Werten vor. Sie leben sowohl in sehr flachen Gewässern als auch in solchen mit mehr oder weniger starker Strömung. In Flüssen und Bächen halten sich die Panzerwelse bevorzugt in Buchten und ähnlichen Abschnitten auf, wo das Wasser langsamer fließt. Während der Regenzeit begeben sie sich in die überschwemmten Gebiete, wo sie jedoch wiederum bevorzugt entlang der verkrauteten Ränder anzutreffen sind.
Über einhundert Arten sind in dieser Gattung zusammengefaßt, jedoch wird nur rund ein Drittel davon regelmäßig importiert und lediglich etwa zwei Dutzend nachgezüchtet. Praktisch beherbergt beinahe jeder Wasserlauf Lateinamerikas seine eigene *Corydoras*-Art oder -Unterart. Zwei bis drei Populationen, selten mehr, leben manchmal zusammen am Bodengrund in Gesellschaft einer *Characidium*-Art, einem Salmler aus der *C. fasciatum*-Gruppe.

Die *Corydoras* sind jedoch gewöhnlich nicht in ein enges Zusammenleben mit fremden Arten gezwungen, obwohl auch solche Fälle vorkommen. Oft unterscheidet sich auch eine *Corydoras*-Population von der im benachbarten Wasserlauf. Sie zu bestimmen – hauptsächlich aufgrund von Färbung und Zeichnung – ist daher alles andere als einfach. Somit enthalten Importe immer wieder unidentifizierbare Fische zusammen mit bekannten, und deshalb können die Unterschiede der Varianten zwischen den einzelnen Fundorten relativ bedeutsam sein.

Während der Regenzeit finden die kleinen Panzerwelse in ausreichender Menge Nahrung und können sich dann auch der Fortpflanzung widmen. Das ändert sich jedoch mit Beginn der kritischen Trockenzeit. Der Wasserstand von Flüssen und Bächen sinkt nun um mehrere Meter; einige Wasserläufe verschwinden sogar völlig. Die Temperaturen steigen, und auch das Wasser heizt sich zunehmend auf. Zahlreiche Fische leiden nun unter Futter- und Sauerstoffmangel und sterben schließlich. Unsere kleinen Welse besitzen jedoch ein zusätzliches Atmungssystem, das es ihnen erlaubt, Sauerstoff direkt aus der Luft über der Wasseroberfläche zu nutzen.

Zu diesem Zweck schießen sie an die Oberfläche, schnappen Luft und kehren unmittelbar darauf zum Grund ihres Gewässers zurück. Die Luftblase wird heruntergeschluckt, gelangt so in das Verdauungssystem und schließlich in den Enddarm. Hier sorgen zahlreiche, die Schleimhäute durchziehende Kapillaren dafür, daß unsere kleinen Putzer vom aufgenommenen Luftsauerstoff profitieren können. Die verbrauchte Luft wird durch die Afteröffnung ausgestoßen und steigt in Form kleiner Luftblasen wieder zur Oberfläche.

Gelegentlich verlassen Schwielenwelse nachts ihren nassen Lebensraum und bewegen sich mittels der steifen Hartstrahlen ihrer Brustflossen auf dem Erdboden fort. Ist die Luftfeuchte hoch genug, können sie auf diese Weise ansehnliche Distanzen bis zum nächsten Gewässer überwinden. Bei Panzerwelsen wurde dieses Verhalten bisher noch nicht nachgewiesen.

Fast alle Panzerwelse (die großen Arten nicht unbedingt) bevorzugen ein Leben in Kolonien in Fließgewässern, in denen sie hauptsächlich an den Boden gebunden sind. Einige Formen wie *Corydoras hastatus* und *C. pygmaeus* weisen jedoch eine weit geringere Bindung an diesen Bereich auf und schwimmen häufig im Freiwasser herum.

Wie die Mäuse sausen die Panzerwelse herum, dabei im Sonnenlicht glänzend und glitzernd. Dies ist besonders bei Dämmerlicht auffällig, wenn sie sich zur Futtersuche versammeln. Dann durchwühlen sie den feinen Bodengrund, indem sie ihn mit der langen Schnauze umpflügen. Hier finden sie allerlei verborgene Kleinstlebewesen wie Mikrowürmer, winzige Krustentiere, Insektenlarven usw. Bisweilen dringen sie dabei bis zu den Brustflossen in den Boden ein, um eines besonderen Leckerbissens habhaft zu werden.

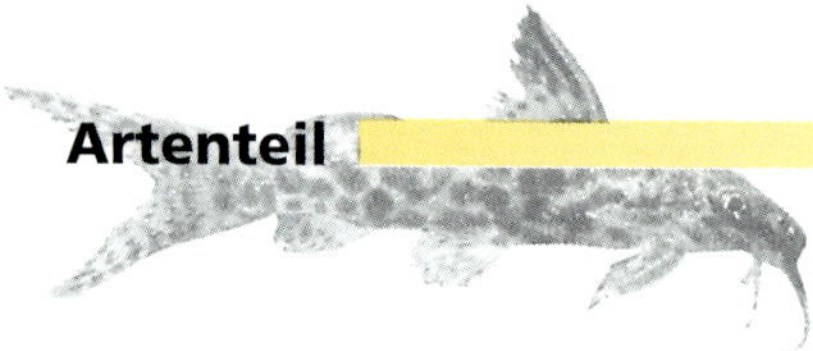

Langbärtige Schwielenwelse, Dianema longibarbis, *sind gute und robuste Aquarienfische. Foto: M.-P. & C. Piednoir*

Panzerwelse sind friedfertige und verträgliche Fische. Sie wollen lediglich in einer Gruppe von wenigstens fünf oder sechs sein, um sich wohlzufühlen. Und diese Gruppe muß stets zusammen ins Aquarium eingesetzt werden, obwohl sich auch dann manchmal noch ein eingefleischter Eigenbrötler absondert. Der Grund für diese Eigenheit ist bis heute ungeklärt. *Corydoras* passen in perfekter Weise zu nahezu allen anderen Fischen, groß oder klein, sofern sie nur von diesen in Ruhe gelassen werden. In der Regel lassen sich auch die Geschlechter zuverlässig unterscheiden. Die Weibchen sind rundlicher und größer als ihre männlichen Aquarienmitbewohner, die ihre schlankere Figur beibehalten. Manchmal ist darüberhinaus bei den Männchen die Rückenflosse etwas länger und spitzer ausgezipfelt.

Langbärtiger Schwielenwels

Art: *Dianema longibarbis* COPE, 1871 (12 cm).
Verbreitung: Südamerika: Peru.
Lebensraum: Sandige Klar- und Schwarzwasserbäche.
Aquarium: Größere Aquarien ab 1 m Länge mit Sandflächen und dichter Randbepflanzung, ähnlich wie für Panzerwelse.
Wasser: 24-28 °C, pH-Wert 6-7, 4-18 °dGH.
Nahrung: Futtertabletten, auch Futterreste der vergesellschafteten Fische.
Fortpflanzung: Schaumnestbauer mit Brutpflege durch das Männchen.
Zucht: Relativ einfach (s. S. 26-28).

Schwanzstreifen-Schwielenwelse, Dianema urostriata, *stellen etwas höhere Ansprüche an die Wasserqualität als ihre Verwandten. Foto: Dr. J. Schmidt*

Schwanzstreifen-Schwielenwels

Art: *Dianema urostriata* RIBEIRO, 1912 (15 cm).
Verbreitung: Brasilien, Rio Negro.
Lebensraum: Sandige Klar- und Schwarzwasserseitenbäche der Tropenströme.
Aquarium: Größere Aquarien ab 1 m Länge mit Sandflächen und dichter Randbepflanzung, ähnlich wie für Panzerwelse.
Wasser: 24-28 °C, pH-Wert 5-7, 2-16 °dGH.
Nahrung: Futtertabletten, Flockenfutter sowie verschiedene Gefrier- und Lebendfuttersorten.
Fortpflanzung: Die Männchen errichten Schaumnester, in welche die Weibchen die Eier ablaichen. Das Männchen übernimmt die Brutpflege allein.
Zucht: Hochwertiges Lebendfutter und häufige Wasserwechsel regen die Laichfreudigkeit an. Bei einer leicht erhöhten Wassertemperatur gelingt manchmal die Zucht. Die Eier und Larven werden vom Männchen betreut und verteidigt. Die Larven schlüpfen nach drei Tagen und schwärmen nach weiteren zwei Tagen aus. Jetzt erlischt die Brutpflegemotivation des Vaters, und auch er beginnt, die Jungwelse als mögliche Beute anzusehen. Die Jungen können sofort mit frisch geschlüpften Salinenkrebschen und feinem Flockenfutterstaub ernährt werden.
Besonderheiten: Die Art ist etwas anspruchsvoller als seine robusten Verwandten *Dianema longibarbis* und *Callichthys callichthys*.
Mein Tip: Erste Zuchtversuche sollten besser zunächst mit *Callichthys callichthys* oder *Megalechis thoracata* unternommen werden.

Porträt eines Bratpfannenwelses, Bunocephalus coracoideus. *Diese skurril gestalteten Welse bewegen sich im Aquarium tagsüber kaum und sind deshalb nur für spezialisierte Welsfreunde als Pfleglinge empfehlenswert. Foto: M.-P. & C. Piednoir*

Bratpfannenwels

Art: *Bunocephalus coracoideus* (COPE, 1878) (15 cm).
Verbreitung: Amazonien, Brasilien, Argentinien.
Lebensraum: Bodenorientiert, in allen ruhigeren Gewässerbereichen.
Aquarium: Für den wenig aktiven Wels genügt bereits ein 100 l-Aquarium. Verstecke sind nicht nötig, doch kommt ein dunkler und feinsandiger Bodengrund – zumindest in einem Aquariumteil – den Ansprüchen des Welses entgegen.
Wasser: 24-28 °C, pH-Wert 6-8, 2-20 °dGH.
Nahrung: Futtertabletten, Futterreste der vergesellschafteten Fische und Gefrierfutter. Das Futter wird mindestens zwei Mal in der Woche auch nachts gereicht. Der Wels akzeptiert alle Futtersorten.
Fortpflanzung: Das Männchen legt eine Laichgrube an, es erfolgt Brutpflege.
Zucht: Das Weibchen laicht etwa 200 Eier. Die winzigen Larven schlüpfen nach 24 bis 36 Stunden und müssen zunächst mit Rädertierchen ernährt werden.
Besonderheiten: Diese Welse sind teilweise noch unter dem ungültigen Gattungsnamen *Dysichthys* bekannt.

Der Afrikanische Glaswels, Eutropiellus buffei, *wird regelmäßig importiert. Seine Zucht ist jedoch immer noch eine Ausnahme. Foto: Dr. J. Schmidt*

Afrikanischer Glaswels

Art: *Eutropiellus buffei* GRAS, 1961 (8 cm).
Verbreitung: Nigeria, im Niger-Gebiet.
Lebensraum: Fließgewässer vom Klar- und Schwarzwassertyp.
Aquarium: Für einen kleinen Schwarm mit sechs bis zehn Welsen genügt ein Aquarium ab 100 l Inhalt.
Wasser: 22-26 °C, pH 5-7, 4-15 °dGH.
Nahrung: Flocken-, Granulatfutter und Lebend- sowie Gefrierfutter.
Fortpflanzung: Freilaichende Art ohne Brutpflege.
Zucht: Die Zucht gelingt nur in Ausnahmefällen, wobei die genauen Voraussetzungen (Regenzeit) noch nicht bekannt sind (vgl. S. 21-22).
Besonderheiten: Dieser Wels wurde früher oft mit der nur selten importierten Art *Eutropiellus debauwi* verwechselt; *Eutropiellus vandeweyeri* ist ein Synonym.
Mein Tip: Ein schöner Wels, der gut zur Vergesellschaftung mit kleinen Salmlern geeignet ist.

Wabenschilderwels

Art: *Glyptoperichthys gibbiceps* (KNER, 1854) (50 cm).
Verbreitung: Amazonien, Peru.
Lebensraum: Lebt im Fließwasser bevorzugt auf Holz, ist aber auch in stehendem Wasser zu finden. Viele Welse dieser und verwandter Gattungen folgen den Piranha-Schwärmen und verzehren zu Boden gefallene Reste tierischer Nahrung. Die Wabenschilderwelse verzehren also auch Aas.
Aquarium: Große Aquarien ab 2 m Länge sind eine Voraussetzung für die artgerechte Pflege. Selbstverständlich brauchen diese Welse auch Moorkienholz, weil sie einen hohen Zelluloseanteil in ihrer Nahrung benötigen. Bei der längeren Haltung dieser Welse ist vom Pfleger gut zu sehen, wie das Holz im Aquarium langsam zerkleinert wird.

Der attraktive Wabenschilderwels, Glyptoperichtys gibbiceps, *wird leider relativ groß. Foto: bede-Verlag*

Wasser: 24-29 °C, pH-Wert 5-7, 2-18 °dGH.
Nahrung: Frißt Futter sowohl pflanzlicher als auch tierischer Herkunft und verzehrt auch tote Fische.
Fortpflanzung: Höhlenbrüter, wie bei der nahe verwandten Art *Liposarcus multiradiatus* (s. „Ihr Hobby Harnischwelse").
Zucht: Die Vermehrung ist im Aquarium noch nicht gelungen. In der Natur und in großen Zuchtteichanlagen in Florida graben die Männchen Höhlen in steile lehmige Uferwände, in denen sie den Laich und die geschlüpfte Brut einige Tage betreuen.
Besonderheiten: Die Welse der Gattungen *Glyptoperichthys*, *Liposarcus* und *Pterygoplichthys* wurden bis vor wenigen Jahren in der Sammelgattung *Pterygoplichthys* zusammengefaßt. Außerdem wurden diese Welse mit der Gattung *Hypostomus* und dem Synonym *Plecostomus* verwechselt. Diese Welse haben aber eine wesentlich kürzere Rückenflosse (etwa 7 bis 8 Flossenstrahlen, während *Glyptoperichthys* und seine Verwandten beider Gattungen zwischen 10 und 13 Flossenstrahlen besitzen).
Mein Tip: Weil es sich bei den Jungwelsen dieser Gattung und bei ihren Verwandten um gute Algenfresser handelt, werden die Jungen regelmäßig im Zoohandel angeboten. Die Welse wachsen aber schnell und machen sich ab etwa 20 cm Körperlänge auch über die Aquarienpflanzen her. Deshalb müssen Sie auf den Erwerb der Jungen dieser Welse verzichten, sofern Sie sie nicht später in geeigneten großen Aquarien unterbringen können.

Hara-Wels

Art: *Hara jerdoni* (DAY, 1870) (4 cm).
Verbreitung: Indien, Nepal, Bangla Desh.
Lebensraum: Alle Gewässertypen.
Aquarium: Aquarien ab 60 cm Länge genügen. Die nachtaktiven Welse bevorzugen eine dichte Bepflanzung. Ein Aquarium mit einer Einrichtung wie für Panzerwelse ist ideal.
Wasser: 12-26 °C, pH-Wert 5-7, 4-18 °dGH.
Nahrung: Futtertabletten, -flocken, Futterreste der vergesellschafteten Fische und Gefrier- sowie Lebendfutter.
Fortpflanzung: Unbekannt.
Besonderheiten: Dieser Zwerg unter den Welsen der Familie Sisoridae ist um so erstaunlicher, wenn man bedenkt, daß es unter seinen Verwandten Arten gibt, die bis zu 2 m groß werden.
Mein Tip: Eine empfehlenswerte Art, sowohl für das Artaquarium als auch für das Südostasien-Gesellschaftsaquarium.

Hara hara *ist ein robuster und niedlicher kleiner Wels, der zwar nachtaktiv ist, aber bei zusagender Gesellschaft bei den Fütterungen auch tagsüber auf Nahrungssuche geht. Die Welse sind friedlich und passen beispielsweise gut zu kleinen Bärblingen oder Labyrinthfischen. Foto: M.-P. & C. Piednoir*

Der Deltaflügel-Zwergwels, Hara jerdoni, *wird nur 4 cm lang, während sein Verwandter* Hara hara *etwa 7 cm Länge erreicht. Auch diese Art ist gut für die Pflege im Heimaquarium geeignet.*

Ein junger Schmuckantennenwels, Pimelodus ornatus. *Die Vergesellschaftung mit kleinen Fischen ist sehr kritisch, da sie von dem Wels als Futter betrachtet werden könnten* *(vgl. S. 66 u.).* *Fotos: H. Hieronimus*

Der Punktierte Dornwels, Auchenipterichthys longimanus, *gehört zur Familie der Falschen Dornwelse. Er wird etwa 15 cm lang und betrachtet sehr kleine Fische als Nahrung. Ansonsten ist dieser Wels wie ein Zwergdornwels der Gattung* Hassar *zu pflegen.*

Das gilt auch für den Zamorawels, Auchenipterichthys thoracatus, *der allerdings nur etwa 11 cm lang wird. Fotos: H. Hieronimus*

Der Zwergdornwels, Hassar iheringi, *fühlt sich nur in Gesellschaft friedlicher Fische wohl. Der Wels ist leider sehr empfindlich und leicht krankheitsanfällig. Foto: Dr. J. Schmidt*

Zwergdornwels

Art: *Hassar iheringi* (FOWLER, 1941) (8-10 cm).

Verbreitung: Südamerika, Brasilien, Peru.

Lebensraum: Bevorzugt in tropischen Klarwasser-Fließgewässern, seltener in Überschwemmungsbereichen..

Aquarium: Mittelgroße Aquarien ab 160 l Inhalt sind gut geeignet. Die Welse benötigen Verstecke, die nicht unbedingt aus Moorkienholz bestehen müssen.

Wasser: 24-28 °C, pH-Wert 5-7, 4-18 °dGH.

Nahrung: Futtertabletten, Futterreste der vergesellschafteten Fische sowie verschiedene Lebend- und Gefrierfuttersorten.

Fortpflanzung: Unbekannt.

Besonderheiten: Ein friedlicher Wels, der bei falscher Vergesellschaftung sehr scheu werden kann.

Mein Tip: Nur mit kleinen Salmlern und beispielsweise einer Gruppe Panzerwelsen vergesellschaften.

Kiemensackwels

Art: *Heteropneustes fossilis* (BLOCH, 1797) (35 cm).

Verbreitung: In Südostasien weit verbreitet: Indien, Sri Lanka bis Thailand.

Lebensraum: Besiedelt alle Gewässertypen. Kiemensackwelse sind auch in sehr warmen und sauerstoffarmen Gewässern wie flachen Gräben und Reisfeldern anzutreffen.

Aquarium: Große Aquarien ab 1,5 m Länge, der Wels ist meist nachtaktiv.

Wasser: 22-26 °C, pH-Wert 5-7, 4-18 °dGH.

Nahrung: Futtertabletten, Futterreste der vergesellschafteten Fische, aber auch kleine Fische, Würmer etc.

Fortpflanzung: Die Zucht ist bereits mehrfach gelungen, mit fast erwachsenen Welsen ist sie sehr einfach.

Besonderheiten: Die nahe verwandte, schwarz gefärbte Art *Heteropneustes microps* wird nur etwa 20 cm lang und

Der Kiemensackwels, Heteropneustes fossilis, *ist unscheinbar, räuberisch, gefräßig und nachtaktiv – ein „idealer" Aquarienfisch.*

ist etwas friedlicher und deshalb durchaus für die Aquaristik geeignet. Aber auch diese Art ist ein Räuber!

Der Kleine Kiemensackwels, Heteropneustes microps, *ist besser geeignet. Fotos: Schmidt*

Bei erwachsenen Schwielenwelsen, Lepthoplosternum pectorale, *wird die Körperfärbung etwas eintöniger. Dieser Wels ist sehr robust und auch für Gesellschaftsaquarien geeignet. Foto: Dr. J. Schmidt*

Gemalter Schwielenwels

Art: *Megalechis thoracata* (CUVIER & VALENCIENNES, 1840) (10 cm).

Verbreitung: Im tropischen Südamerika weit verbreitet.

Lebensraum: In schlammigen stehenden und langsam fließenden Gewässerbereichen, vor allem in Sümpfen. Bevorzugt sumpf- und wasserpflanzenreiche Gewässer und verträgt auch eine gewisse Wasserbelastung in der Nähe menschlicher Siedlungen, die er zur Nahrungssuche gezielt aufsucht.

Aquarium: Für einen kleinen Schwarm ab sechs Welsen ist ein Aquarium ab 1 m Länge notwendig. Die Welse brauchen Bereiche zum Gründeln, aber auch Verstecke als Rückzugsmöglichkeiten.

Wasser: 24-28 °C, pH-Wert 6-7, 4-18 °dGH.

Nahrung: Futtertabletten, Granulat, Flocken und Futterreste der vergesellschafteten Fische. Zusätzlich ist aber auch eine gezielte Ernährung der Welse mit unterschiedlichen Lebend- und Gefrierfuttersorten notwendig.

Fortpflanzung: Das Männchen errichtet ein Schaumnest und betreibt Brutpflege. Die Vermehrung ähnelt jener von *Callichthys* und *Dianema* (vgl. S. 26-28).

Zucht: Günstig ist der Daueransatz eines Paars im Artaquarium. Nach einer guten und abwechslungsreichen Ernährung sowie regelmäßigen Teilwasserwechseln kann die Fortpflanzungsbereitschaft stimuliert werden. Das Männchen errichtet ein Schaumnest, in das Pflanzenteile eingebaut sind, an der Wasseroberfläche. Das Weibchen klebt die Eier an das Pflanzenmaterial. Nach dem Ablaichen sollte das Weibchen aus dem Zuchtaquarium herausgefangen werden, damit sich das Männchen ungestört der Brutpflege widmen kann. Die Larven schlüpfen nach drei Tagen, die Aufzucht ist leicht.

Asiatische Glaswelse, Kryptopterus minor, *sind typische Schwarmfische. Foto: M.-P. & C. Piednoir*

Glaswels

Art: *Kryptopterus minor* ROBERTS, 1989 (12 cm).
Verbreitung: Südostasien: Borneo.
Lebensraum: Tropische Fließgewässer.
Aquarium: Da dieser Wels unbedingt im Schwarm gepflegt werden muß, sollte das Aquarium mindestens 1 m lang sein. Eine dichte Bepflanzung ist wichtig, ansonsten sind die Welse äußerst schreckhaft und sterben schließlich am Streß.
Wasser: 24-28 °C, pH-Wert 5-7, 4-18 °dGH.
Nahrung: Futtertabletten, Flocken-, Gefrier- und Lebendfutter.
Fortpflanzung: Freilaicher ohne Brutpflege.
Zucht: Selten, aber möglich (s. S. 21-22).
Besonderheiten: Dieser Wels wurde in der Aquaristik über viele Jahre mit der nahe verwandten Art *Kryptopterus bicirrhis* verwechselt. Dieser Wels ist aber undurchsichtig und wird mit gut 20 cm Körperlänge fast doppelt so groß.

Sunda-Stachelwels

Art: *Leiocassis stenomus* (VALENCIENNES, 1839) (15 cm).
Verbreitung: Indonesien und Malaysia: auf Borneo und Sumatra.
Lebensraum: In den Uferbereichen langsam fließender Gewässer.
Aquarium: Aquarien ab 1 m Länge sind gut geeignet. Der nachtaktive Wels braucht mehrere Verstecke, um sich das zusagendste aussuchen zu können.
Wasser: 20-26 °C, pH-Wert 6-8, 4-25 °dGH.
Nahrung: Futtertabletten, -flocken, Futterreste der vergesellschafteten Fische und tierisches Futter wie Mückenlarven.
Fortpflanzung: Unbekannt.
Besonderheiten: Die stacheligen Flossen des Welses verhaken sich leicht im Kescher. Das gilt zwar für alle Welse, für diesen jedoch ganz besonders. Wenn der Wels dann nicht sehr vorsichtig befreit wird, kann er sich verletzen.

Der Sunda-Stachelwels, Leiocassis stenomus, *ist nicht sonderlich attraktiv, aber ein gut haltbarer Aquarienfisch. Foto: H. Hieronimus*

Der Zitterwels, Malapterurus electricus, *ist für gewöhnliche Aquarien nicht geeignet. Foto: H. Hieronimus*

Zitterwels

Art: *Malapterurus electricus* (GMELIN, 1789) (100 cm).

Verbreitung: In Afrika weit verbreitet.

Lebensraum: Alle Gewässertypen.

Aquarium: Große Aquarien – für junge Zitterwelse – ab 2 m Länge.

Wasser: 23-28 °C, pH-Wert 5-7, 4-25 °dGH.

Nahrung: Allesfresser.

Fortpflanzung: Die Weibchen wühlen im schlammigen Boden Gruben aus. Darin laichen sie mit dem Männchen ab.

Zucht: Unbekannt.

Besonderheiten: Das elektrische Organ des Zitterwelses, ein Nervenstrang, liegt an den Körperseiten zwischen der dicken Haut und der Muskulatur. Die elektrische Endladung kann auch dem Menschen gefährlich werden.

Mein Tip: Nicht für das Heimaquarium geeignet.

Kleiner Marmor-Antennenwels

Art: *Microglanis iheringi* GOMES, 1946 (6 cm).

Verbreitung: Venezuela und Kolumbien.

Lebensraum: Bewohnt alle Gewässertypen.

Aquarium: Auch wenn dieser Wels in kleineren Aquarien ab 60 cm Länge gepflegt werden kann, ist es besser, eine kleine Gruppe in einem größeren Aquarium unterzubringen. Ansonsten werden keine besonderen Ansprüche gestellt.

Wasser: 24-28 °C, pH-Wert 6-7, 4-18 °dGH.

Nahrung: Futtertabletten, -flocken, Futterreste der vergesellschafteten Fische und Gefrier- sowie Lebendfutter.

Fortpflanzung: Unbekannt.

Besonderheiten: Es gibt mehrere ähnliche Arten der Gattung, die aber alle relativ klein bleiben, so daß eine mögliche Verwechslung nicht weiter schlimm wäre, da sie alle gut ins Aquarium passen.

Der Kleine Marmor-Antennenwels, Microglanis iheringi, *sollte ebenfalls in einer Gruppe gepflegt werden, obwohl er kein echter Schwarmfisch ist. Foto: Aqualife Taiwan*

Der Asiatische Rotflossenwels, Mystus nemurus, wird oft mit anderen ähnlichen Welsen verwechselt. Er wird etwa 30 cm lang, während ähnliche Arten gut doppelt so groß werden können.

Fotos: Dr. J. Schmidt

Asiatischer Rotflossenwels

Art: *Mystus nemurus* (VALENCIENNES, 1839) (30 cm).

Verbreitung: Südostasien: Malaysia, Thailand, Singapur und Indonesien.

Lebensraum: Alle Gewässertypen, sogar im Brackwasser.

Aquarium: Ein Aquarium ab 1 m Länge genügt, da dieser Wels nur nach dem Wasserwechsel relativ schwimmaktiv ist.

Wasser: 23-27 °C, pH-Wert 6-7, 4-18 °dGH.

Nahrung: Futtertabletten, -flocken, Futterreste der vergesellschafteten Fische, vor allem Nahrung tierischen Ursprungs.

Fortpflanzung: Unbekannt.

Besonderheiten: Der Wels wird oft mit anderen Arten verwechselt, die zum Teil erheblich größer als diese Art werden.

Mein Tip: Erwerben Sie den Wels nur, wenn sie sicher sind, daß es sich um diese Art handelt. Andere Arten werden oft für das Aquarium zu groß.

Obwohl der Längsstreifen-Zwergharnischwels, Otocinclus hoppei, *nicht gerade bunt ist, ist er wegen seines interessanten Verhaltens und vor allem wegen seines Appetits auf Algen bei vielen Aquarianern sehr beliebt.*
Die Zwergharnischwelse der Gattung Otocinclus *werden oft zur Algenbekämpfung im bepflanzten Gesellschaftsaquarium gepflegt. Leider handelt es sich um empfindliche Welse, die nur mit friedlichen Fischen vergesellschaftet werden dürfen.*
Fotos: Dr. J. Schmidt

Längsstreifen-Zwergharnischwels

Art: *Otocinclus hoppei* MIRANDA-RIBEIRO, 1939 (5 cm).
Verbreitung: Brasilien, Bolivien und Peru.
Lebensraum: In wasserpflanzenreichen und klaren Fließgewässern.
Aquarium: Kleine Aquarien genügen, dabei ist jedoch auf eine ausgezeichnete Wasserqualität zu achten.
Wasser: 24-28 °C, pH-Wert 6-7, 2-12 °dGH.
Nahrung: Algen und anderes pflanzliches Futter, nimmt aber auch in kleinen Mengen Kleinkrebse und ähnliches an.
Fortpflanzung: Die Eier werden frei an Pflanzen oder anderen Gegenständen abgelaicht, ähnlich wie *Corydoras*.
Zucht: Die Zucht ist schwierig, aber durchaus möglich (näheres s. „Ihr Hobby Harnischwelse").
Besonderheiten: Diese Welse sind ausgesprochen friedfertig und halten sich bevorzugt in größeren Gruppen auf. Obwohl sie keine echten Schwarmfische sind, lieben sie die Nähe zu Artgenossen. Dies muß auch im Aquarium beachtet werden, deshalb dürfen nie weniger als sechs Exemplare erworben werden, damit die Zwergharnischwelse sich richtig wohl fühlen.
Mein Tip: Wenn Sie Weichwasserfische wie kleine Salmler oder Bärblinge pflegen, dann sind diese kleinen Welse ideal zur Algenprophylaxe einzusetzen.
Dieser Wels ist nur für den fortgeschrittenen Aquarianer geeignet.

Der Gestreifte Ohrgitter-Zwergharnischwels, Otocinclus *hoppei, stellt die gleichen Ansprüche an seinen Pfleger wie seine Verwandten. Er benötigt klares und sauberes Aquarienwasser sowie Algen, Algen, Algen... Foto: M.-P. & C. Piednoir*

Die Zwergharnischwelse der Gattung *Otocinclus* und ihre nächste Verwandtschaft umfassen mehr als 30 Arten, von denen jedoch lediglich etwa ein halbes Dutzend im aquaristischen Fachhandel in Erscheinung tritt. Allen gemeinsam ist, daß es sich dabei um effektive Algenvertilger handelt. Es ist eine Gattung aus der großen Familie der Loricariidae.

Der Gestreifte Zwergharnischwels, *Otocinclus hoppei*, stammt aus dem Südosten Brasiliens, genauer aus der weiteren Umgebung von Rio de Janeiro. Dort bewohnt er vor allem die Stromschnellen von Klarwasser führenden Flüssen und Bächen. Auf den dortigen Felsen existieren ausgedehnte Algendickichte. Sein naher Verwandter, *Otocinclus macrospilus*, ist der Wissenschaft seit seiner Beschreibung durch EIGENMANN & ALLEN im Jahre 1942 bekannt. Er wurde bereits 1911 erstmals lebend nach Europa eingeführt. *Otocinclus hoppei* zeichnet sich durch einen mäßig langen und schlanken Körperbau aus. Sein Kopf ist vergleichsweise groß und abgeflacht und trägt auf der Unterseite einen Mund mit großen, saumartigen Lippen. Ober- wie Unterkiefer verfügen über kleine Zähnchen, die ein gut funktionierendes Raspelwerkzeug darstellen. Sie können wie die Typenhebel einer Schreibmaschine bewegt werden, wodurch die Algen gegen den Untergrund verschoben und dadurch abgerissen werden. Die Lippen selbst sind mit kleinen Papillen ausgestattet und formen eine Scheibe, mit deren Hilfe sich der kleine Nager an jedem festen Untergrund festsaugen und gegen die Strömung behaupten kann. Dabei helfen auch der völlig flache Bauch und der niedrige Schwanzstiel, wodurch eine strömungsgünstige Form entsteht, die der einer Kaulquappe nicht unähnlich ist. Die Schuppen sind durch verknöcherte Platten ersetzt, die wie Dachschindeln angeordnet sind. Das Fehlen von Schuppen ist für alle Welse charakteristisch. Diese Knochenplatten sind auch auf dem Kopf vorhanden und stellen eine wirkungsvolle Panzerung dar. Der Bauch ist hingegen ungepanzert und damit sein Schwachpunkt, gewissermaßen die Achillesferse von *Otocinclus hoppei*.

Der große Haiwels, Pangasius hypophthalmus, *früher auch unter dem Namen* Pangasius sutchi *bekannt, wird sehr groß, dazu sehr schreckhaft und ist für das gewöhnliche Heimaquarium nicht geeignet. Foto: M.-P. & C. Piednoir*

Haiwels

Art: *Pangasius hypophthalmus* (SAUVAGE, 1878) (100 cm).
Verbreitung: Thailand.
Lebensraum: Alle Gewässertypen.
Aquarium: Große Aquarien ab 2 m Länge.
Wasser: 22-26 °C, pH-Wert 5-7, 4-25 °dGH.
Nahrung: Allesfresser.
Fortpflanzung: Unbekannt.
Zucht: Wird in seiner Heimat in großer Zahl in Teichzuchten vermehrt.
Mein Tip: Der als Jungfisch niedliche Haiwels wird leider immer noch regelmäßig im Handel angeboten. Die Art ist nur für den Spezialisten geeignet.

Langbartel-Glaswels

Art: *Pareutropius longifiliis* (STEINDACHNER, 1916) (8 cm).
Verbreitung: Ostafrika, Tansania.
Lebensraum: In stehenden Gewässern.
Aquarium: Da die Fische im Schwarm gepflegt werden müssen, muß das Aquarium entsprechend groß, ab 1 m Länge, sein. Eine dichte Randbepflanzung ist wichtig, damit die Welse sich wohl fühlen.
Wasser: 22-27 °C, pH-Wert 5-7, 4-18 °dGH.
Nahrung: Futtertabletten, Futterreste der vergesellschafteten Fische und Gefrier- sowie Lebendfutter.
Fortpflanzung: Unbekannt.

Langbartel-Glaswelse, Pareutropius longifiliis, *werden nur selten importiert, sind aber gut für die Pflege im Aquarium geeignet. Foto: H. Hieronimus*

Der Panzerkopfwels, Phractocephalus hemioliopterus, *ist auch unter dem Deutschen Namen Rotflossen-Antennenwels bekannt. Er wird über 1 m lang und lebt räuberisch, ist also kaum für die Aquaristik geeignet. Foto o.: Schmidt Links: Piednoir*

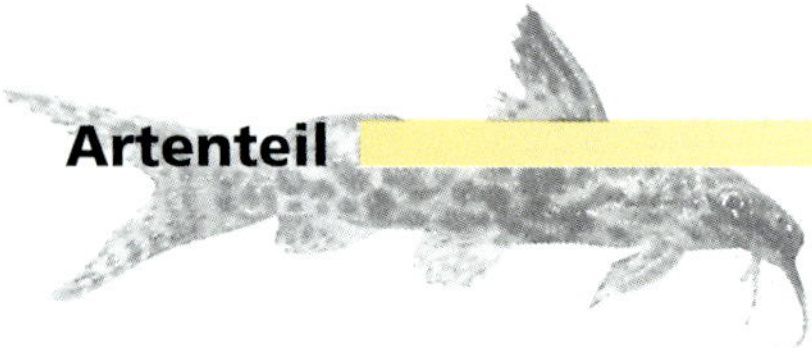

Panzerkopfwels

Art: *Phractocephalus hemioliopterus* (BLOCH & SCHNEIDER, 1801) (120 cm).
Verbreitung: Im tropischen Südamerika weit verbreitet.
Lebensraum: In Kolken der größeren Fließgewässer; in allen Wassertypen.
Aquarium: Sehr große Aquarien ab 3 m Länge.
Wasser: 24-28 °C, pH-Wert 6-7, 4-18 °dGH.
Nahrung: Fleischfresser.
Fortpflanzung: Unbekannt.
Besonderheiten: Diese sehr groß werdenden Welse sind kaum für den Aquarianer geeignet, auch wenn sie wenig schwimmaktiv sind, brauchen sie doch große Aquarien. Panzerkopfwelse sind nicht sonderlich räuberisch, fressen aber vor allem gerne Stachelrochen, wie sich in Schauaquarien zeigte, in denen die Vergesellschaftung versucht wurde.

Lyradornwels

Art: *Physopyxis lyra* COPE, 1871 (4 cm).
Verbreitung: Brasilien, im Rio Ambyiacu.
Lebensraum: Versteckreiche Uferzonen.
Aquarium: Es genügen kleine, versteckreich eingerichtete und gut bepflanzte Aquarien, ab 60 cm Länge.
Wasser: 24-28 °C, pH-Wert 5-7, 4-18 °dGH.
Nahrung: Futtertabletten, -flocken, frisches Gefrier- und Lebendfutter. Allein von den Futterresten anderer Fische überlebt dieser Wels auf Dauer nicht!
Fortpflanzung: Unbekannt.
Besonderheiten: Die nachtaktiven und wenig bewegungsfreudigen Welse müssen gezielt nachts gefüttert werden, damit sie nicht verhungern.
Mein Tip: Nur für den Welsspezialisten geeignet. Lyrawelse sollten nur in Artaquarien gepflegt werden, damit ihre Ernährung sicherzustellen ist.

Der Lyradornwels, Physopyxis lyra, *ist eine schwierig zu haltende Art, weil bei der Ernährung Probleme auftreten können. Foto: H. Hieronimus*

Ein unbestimmter kleiner Antennenwels aus der Gattung Pimelodella. *Manchmal wird auch der neuere Gattungsname* Brachyrhamdia *benutzt, doch sind keine hinreichenden Unterschiede bekannt, so daß vorläufig die Namen aus den Erstbeschreibungen benutzt werden, die sich jedoch noch ändern werden.*
Fotos: H. Hieronimus

Schlanker Fadenwels

Art: *Pimelodella gracilis* (VALENCIENNES, 1840) (15-20 cm).

Verbreitung: Amazonien, in Brasilien und Venezuela.

Lebensraum: In allen Bereichen der wärmeren Klar- und Schwarzwasserbäche.

Aquarium: Die lebendigen und schnellwüchsigen Fadenwelse benötigen größere Aquarien ab 300 l Inhalt.
Zwar sind die Welse vornehmlich nachtaktiv, aber bei der Pflege im Aquarium merken sie bald, daß ihnen keine Gefahr droht und so verlassen sie schließlich auch tagsüber – vor allem bei den Fütterungen – ihre Verstecke. Selbstverständlich muß jedem Wels mindestens ein individuelles Versteck zur Verfügung stehen, auch wenn sie sich zeitweise gemeinsam darin aufhalten.

Wasser: 23-27 °C, pH-Wert 6-8, 4-20 °dGH.

Nahrung: Futtertabletten, -flocken, Futterreste der vergesellschafteten Fische.

Fortpflanzung: Unbekannt.

Mein Tip: Eine dichte Randbepflanzung des Aquariums ist günstig, da sie dem Sicherheitsbedürfnis der Welse sehr entgegen kommt.

Oben: *Ein* Rhamdia laticauda *aus Honduras.*

Weißstreifen-Antennenwelse, Pimelodus albofasciatus, *sind – je nach Herkunft – etwas unterschiedlich gefärbt. Sie können deutliche Streifenmuster tragen, oder die Streifen sind in einzelne Punktreihen aufgelöst. Fotos: Dr. J. Schmidt*

Weißstreifen-Antennenwels

Art: *Pimelodus albofasciatus* MEES, 1974 (25 cm).

Verbreitung: Südamerika, in Guyana und Surinam.

Lebensraum: Lebt in allen Bereichen der tropischen Fließgewässer, jedoch bevorzugt im Klarwasser.

Aquarium: Die – vor allem nachts – sehr aktiven Antennenwelse brauchen große Aquarien ab 300 l Inhalt. Nach umfangreicheren Wasserwechseln und bei Fütterungen sind die Welse auch am Tag aktiv.

Wasser: 22-26 °C, pH-Wert 5-8, 4-20 °dGH.

Nahrung: Futtertabletten, Futterreste der vergesellschafteten Fische und tierisches Futter wie Mückenlarven, Würmer und Wasserflöhe sowie andere Kleinkrebse. Auch kleine Fische werden als Nahrung betrachtet und verfolgt.

Fortpflanzung: Unbekannt.

Besonderheiten: Diese Antennenwelse sind sehr variabel gezeichnet und kommen deshalb in sehr unterschiedlichen Farbvarianten in den Handel.

Mein Tip: Auch wenn ein Schwarm Jungfische dieser Antennenwelse beim Händler sehr attraktiv wirkt, muß sich der Aquarianer den Erwerb gut überlegen, denn diese Welse wachsen schnell, fressen viel und werden über zehn Jahre alt.

Obwohl der gewöhnliche Antennen- oder Engelswels, Pimelodus blochii, *sehr friedlich wirkt, wird er vergesellschaftete kleine Fische als Leckerbissen betrachten. Auch von dieser Art gibt es Farbvarianten. Foto: M.-P. & C. Piednoir*

Foto u.: Aqualife Taiwan

Gemeiner Antennenwels

Art: *Pimelodus blochii* VALENCIENNES, 1840) (20-30 cm).

Verbreitung: In Mittel- und Südamerika von Panama bis Brasilien weit verbreitet.

Lebensraum: Bewohner großer Flüsse und Ströme sowie deren Seitengewässer. Die Antennenwelse bevorzugen Klar- und Schwarzwasser, doch kommen sie auch im Weißwasser vor. Hier leben sie tagsüber in den versteckreichen Uferzonen und gehen nachts in großen Schwärmen auf Nahrungssuche.

Aquarium: Die aktiven Antennenwelse brauchen große Aquarien ab 150 cm Länge und gute Verstecke, um sich vor allem in der ersten Zeit im Aquarium gut vor dem hellen Licht verbergen zu können.

Wasser: 20-26 °C, pH-Wert 5-8, 4-20 °dGH.

Nahrung: Futtertabletten, Granulat, Futterreste der vergesellschafteten Fische und tierisches Futter wie Mückenlarven, Würmer und Wasserflöhe sowie andere Kleinkrebse. Auch kleine Fische werden als Nahrung betrachtet und verfolgt.

Fortpflanzung: Unbekannt.

Mein Tip: Obwohl die verschiedenen Antennenwelse manchmal unter dem Namen „Engelwelse" angeboten werden, dürfen sie nicht mit kleinen Fischen wie beispielsweise Neon-Salmlern vergesellschaftet werden!

Oben: *Ein* Mystus *cf.* vittatus *aus Asien.*

Immer wieder gelangen Antennenwelse in den Handel, die sich nicht eindeutig einer bestimmten Art zuordnen lassen. Dies ist Pimelodus pictus *in der Erwachsenenfärbung. Foto: bede-Verlag*

Der Schmuckantennenwels, Pimelodus ornatus, *wird noch größer als die anderen für die Aquaristik importierten Antennenwelsarten und ist deshalb nur für den Welsspezialisten geeignet, der genügend große Aquarien zur Verfügung hat. Foto: Aqualife Taiwan*

Der Engelantennenwels, Pimelodus pictus, *ist mit etwa 15 cm Länge recht gut für das große Heimaquarium geeignet. Foto: Dr. J. Schmidt*

Auch dieser Antennenwels frißt nachts kleine Fische. Foto u.: Aqualife Taiwan

Der Liniendornwels, Platydoras costatus, *gehört zu den wenigen Doradiden, die in für die Aquaristik geeigneten Größen bleiben. Außerdem wird diese Art den anderen Fischen im Aquarium nicht gefährlich. Foto: M.-P. & C. Piednoir*

Liniendornwels

Art: *Platydoras costatus* (LINNAEUS, 1766) (20-25 cm).

Verbreitung: Amazonien, in Peru.

Lebensraum: Uferzonen und fallholzreiche Bereiche der Klar- und Schwarzwasserbäche sowie deren Altarme.

Aquarium: Der Liniendornwels braucht feinkiesigen Bodengrund oder einen Bereich mit Sand, da er manchmal gern gräbt. Wenn die Wurzeln der Aquarienpflanzen mit größeren Steinen geschützt werden, dann werden sie von dem Wels nicht weiter behelligt. Außerdem benötigt der Wels ein Versteck, zum Beispiel unter einem Stück Moorkienholz oder in einer Höhle aus aufgeschichteten Steinen.

Wasser: 24-28 °C, pH-Wert 6-7, 2-20 °dGH.

Nahrung: Futtertabletten, -flocken, -granulat, Futterreste der vergesellschafteten Fische und wenig pflanzliches Futter. Selbstverständlich darf auch tierisches Futter wie gefrorene oder lebende Mükkenlarven, *Tubifex*-Würmer oder Wasserflöhe nicht fehlen.

Fortpflanzung: Unbekannt.

Besonderheiten: Die Dornwelse der Familie Doradidae können knurrende oder knarrende Geräusche verursachen, die manchmal auch gut außerhalb des Aquariums hörbar sind. Vor allem, wenn der Wels sich gestört fühlt, sind solche Lautäußerungen wahrzunehmen.

Mein Tip: Der Liniendornwels gehört zu jenen skurrilen Arten, die für den Welsfreund, der ungewöhnliche Formen liebt, sehr gut geeignet sind.

Der Tigerspatelwels, Pseudoplatystoma fasciatum, wird über einen Meter lang und ist – ebenso wie seine Verwandten – aufgrund seiner Körpergröße nicht für das Heimaquarium geeignet. Foto: Dr. J. Schmidt

Rückenschwimmender Kongowels, Synodontis nigriventris. Foto: M.-P. & C. Piednoir

Tigerspatelwels

Art: *Pseudoplatystoma fasciatum* (LINNAEUS, 1766) (100 cm).
Verbreitung: Paraguay, Peru, Venezuela.
Lebensraum: In fast allen größeren Tropenwaldströmen des nördlichen Südamerikas.
Aquarium: Der Wels benötigt bereits als Jungfisch ein großes Aquarium von mindestens 2 m Länge.
Wasser: 23-28 °C, pH-Wert 6-8, 4-18 °dGH.
Nahrung: Futter tierischen Ursprungs, vor allem Fische, ersatzweise aber auch Regenwürmer, und Rinderherz.
Fortpflanzung: Unbekannt.
Besonderheiten: Dieser sehr groß werdende Antennenwels ist für das normale Heimaquarium nicht geeignet! In den großen Schauaquarien der Zoos fühlen sich die Tigerspatelwelse jedoch durchaus wohl. Hier können sie auch mit anderen großen Fischen wie Welsen und Salmlern vergesellschaftet werden.

Die prächtigen Sonnenwelse, Scobinancistrus aureatus, *verlieren ihre attraktive Körperfärbung leider mit zunehmendem Alter. Aber auch ältere Sonnenwelse sind immer noch* eindrucksvolle *Erscheinungen, die gut größere* Schauaquarien *zu bereichern* vermögen. *Foto: M.-P. & C. Piednoir*

Zu den Harnischwelsen finden Sie im Buch: „Ihr Hobby Harnischwelse" weitere Informationen.

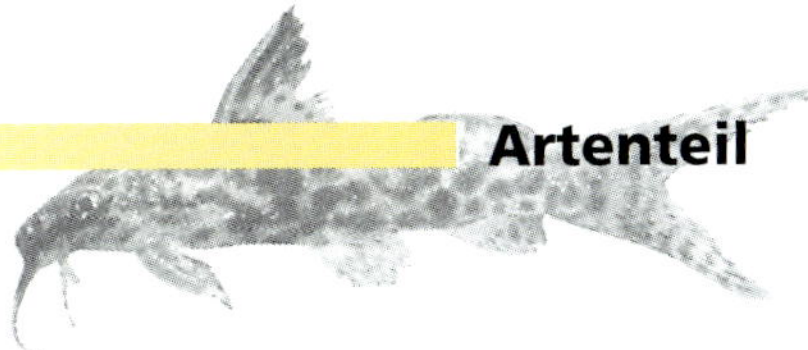

Dieses Bild zeigt einen noch nicht ausgewachsenen und ganz umgefärbten Sonnenwels, Scobinancistrus aureatus. *Foto: Dr. J. Schmidt*

Sonnenwels

Art: *Scobinancistrus aureatus* BURGESS, 1994 (30 cm).

Verbreitung: Brasilien, Amazonien.

Lebensraum: Fließgewässer.

Aquarium: Große Aquarien ab 2 m Länge. Eine Einrichtung mit Moorkienholz ist günstig, aber nicht zwingend notwendig. Die bei der Pflege mehrerer Welse der gleichen Art notwendigen Verstecke und Rückzugsmöglichkeiten können also beispielsweise auch durch das Einbringen von Tonröhren und Schieferplatten geschaffen werden. Eine gute Filterung und klares Wasser sind wichtig.

Wasser: 26-29 °C, pH-Wert 5-7, 2-16 °dGH.

Nahrung: Dieser Wels benötigt einen hohen Anteil tierischer Nahrung in seinem Futter. Algen und andere pflanzliche Kost interessieren ihn wenig, auch können die Welse auf einen Zelluloseanteil in der Nahrung weitgehend verzichten.

Fortpflanzung: Unbekannt.

Besonderheiten: Dieser Wels ist in seiner Jugend besonders prächtig gefärbt, im Alter wird er jedoch einfach schwarz mit feinen weißen Punkten. Die Färbung der Flossen gleicht dann jener des Körpers, die schöne Rotorangefärbung verschwindet also völlig. Die Altersfärbung ist dennoch recht attraktiv und ähnelt der eines jungen *Acanthicus* oder *Ancistrus*. Außerdem werden ältere Sonnenwelse meist aggressiv und dulden keine Artgenossen in ihrer Nähe.

Mein Tip: Wer über kein großes Aquarium verfügt, sollte sich lieber den kleineren *Ancistrus*-Arten zuwenden, die ebenfalls recht attraktiv sind, aber wesentlich geringere Platzansprüche stellen.

Der Spatelwels, Sorubim lima, *hat ein sehr großes Maul und einen dehnungsfähigen Bauch, so daß er nur mit relativ großen Fischen, wie zum Beispiel Großcichliden, vergesellschaftet werden kann. Foto: Dr. J. Schmidt*

Spatelwels

Art: *Sorubim lima* BLOCH & SCHNEIDER, 1806 (60 cm).

Verbreitung: Amazonien, in Brasilien, Paraguay und Venezuela.

Lebensraum: Der robuste und räuberische Wels ist in allen Gewässern, sowohl in fließendem als auch in stehendem Wasser vom Klar-, Schwarz- oder Weißwassertyp anzutreffen.

Aquarium: Große Aquarien ab 2 m Länge sind wichtig, ebenso wie Moorkienholz oder langblättrige Wasserpflanzen als Unterstände. Denn in der Deckung solcher Gegenstände legt sich der Wels gern auf die Lauer. Dort ruht er auch, wenn er gerade gefressen hat. Die Bodengrundsorte und -korngröße sind für diesen Wels relativ bedeutungslos.

Wasser: 24-28 °C, pH-Wert 6-7, 4-18 °dGH.

Nahrung: Lebend- und Gefrierfutter. Spatelwelse fressen gerne lebende Fische, akzeptieren aber auch Regenwürmer, Rinderherz, Futtertabletten und Pellets.

Fortpflanzung: Unbekannt.

Besonderheiten: Der wenig schwimmfreudige Lauerräuber ist nur für den spezialisierten Welsfreund geeignet. Wer allerdings über eine große Zuchtanlage verfügt, hat mit einem solchen Wels eine gute Möglichkeit, aussortierte Fische – wie Kümmerlinge – noch einem sinnvollen Zweck zuzuführen.

Mein Tip: Auch wenn es sich um einen ungewöhnlich gestalteten und deshalb attraktiven Wels handelt, sollten Sie aufgrund seiner Größe und Nahrungsansprüche auf den Erwerb verzichten.

Porträt eines Spatelwelses, Sorubim lima. Foto: Dr. J. Schmidt

Nur in wirklich großen Aquarien, wie sie von den großen Schauaquarien, beispielsweise in den Zoos, geboten werden, fühlen sich diese Welse wirklich wohl. Foto: M.-P. & C. Piednoir

Die Fiederbartwelse der Gattung Synodontis *tragen ihren deutschen Namen aufgrund ihrer bizarren Bartelstruktur. Foto: M.-P. & C. Piednoir*

Gefleckter Riesenfiederbartwels

Art: *Synodontis acanthomias* BOULENGER, 1899 (40 cm).

Verbreitung: Westafrika, im Kongobecken.

Lebensraum: In allen Gewässertypen.

Aquarium: Aufgrund der Körpergröße des Welses wird ein größeres Aquarium ab 150 cm Länge benötigt. Verstecke aus Moorkienholz und eine dichte Bepflanzung mit großen robusten Pflanzen sind wichtig, weil die Welse mit zunehmendem Alter Reviere gründen und verteidigen, so daß die Unterlegenen genügend Rückzugsmöglichkeiten vorfinden müssen. Als Jungfische sind diese Fiederbartwelse hingegen friedlich und schwimmen auch gern in der Gruppe.

Wasser: 23-27 °C, pH-Wert 6-8, 4-18 °dGH.

Nahrung: Futtertabletten, Futterreste der vergesellschafteten Fische und tierisches Futter wie Mückenlarven, *Tubifex* und Wasserflöhe. Auch kleine Fische gehören in ihr Nahrungsspektrum.

Fortpflanzung: Unbekannt.

Zucht: Zwar ist die Zucht noch nicht gelungen, doch sind Versuche sicher lohnenswert, zumal Fiederbartwelse beliebte Aquarienfische sind.

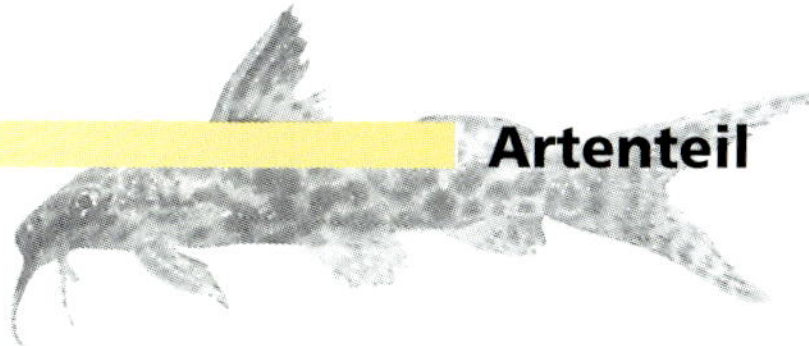

Der Gefleckte Riesenfiederbartwels, Synodontis acanthomias, *ist aufgrund seiner Körpergröße nur für die Pflege in großen Aquarien geeignet. Foto: Dr. J. Schmidt*

Der Perlhuhnwels, Synodontis angelicus, *ist ein sehr attraktiver Wels. Leider ist er innerartlich sehr aggressiv und zudem in der Natur selten. Foto: Aqualife Taiwan*

Perlhuhnwels

Art: *Synodontis angelicus* SCHILTHUIS, 1891 (18 cm).

Verbreitung: Westafrika, in Kongo und Kamerun.

Lebensraum: In den Klar- und Schwarzwasserseitenbächen der großen Ströme.

Aquarium: Ein einzelner Perlhuhnwels kann im 200 l-Aquarium gepflegt werden. Da diese Welse – entgegen anderen Angaben in der Literatur – äußerst unverträglich sind, ist für die Pflege mehrerer Welse ein großes und mit vielen Verstecken ausgestattetes Aquarium ab 2 m Länge erforderlich.

Wasser: 23-28 °C, pH-Wert 6-8, 4-15 °dGH.

Nahrung: Futtertabletten, Futterreste der vergesellschafteten Fische und tierisches Futter wie Mückenlarven oder *Tubifex*.

Fortpflanzung: Unbekannt.

Besonderheiten: Ein sandiger Bodengrund ist günstig, die Pflanzen können dann in Töpfen untergebracht werden.

Mein Tip: Da die Art in der Natur gefährdet zu sein scheint, sollten sich nur ernsthaft an der Zucht interessierte Aquarianer mit diesem Wels beschäftigen.

Der Kuckucks- oder Vielpunkt-Fiederbartwels, Synodontis multipunctatus, *zeichnet sich durch seine interessante, kuckucksähnliche Fortpflanzungsweise aus.*

Kuckuckswels

Art: *Synodontis multipunctatus* BOULENGER, 1898 (12-15 cm).
Verbreitung: Afrika, im Tanganjikasee.
Lebensraum: Dieser Fiederbartwels hält sich seltener im eigentlichen See auf, sondern vielmehr in den Mündungsgebieten der größeren Zuflüsse (Malagarazi).
Aquarium: Der Wels wird am besten gemeinsam mit Tanganjikaseecichliden im großen, mit Geröll versteckreich eingerichteten Aquarium gepflegt. Ein feinsandiger Bodengrund ist günstig.
Wasser: 23-27 °C, pH 7-8,4, 15-35 °dGH.
Nahrung: Futtertabletten, -flocken, Futterreste der vergesellschafteten Fische und tierisches Futter wie Mückenlarven, *Tubifex*-Würmer oder Kleinkrebschen.
Fortpflanzung: Die Welse schieben den maulbrütenden Cichliden beim Ablaichen ihren Laich unter.
Zucht: Die Zucht gelingt bei der gemeinsamen Pflege mit maulbrütenden Buntbarschen regelmäßig. Die jeweils nur zwei bis fünf kleinen Welse verzehren im Maul der Pflegemutter die kleinen Cichliden. Nach dem Entlassen aus dem Maul sind sie bereits über 1 cm lang, bereits problemlos mit dem üblichen Futter zu ernähren und kaum noch durch die vergesellschafteten Fische gefährdet.

Im Maul eines maulbrütenden Cichlidenweibchens befanden sich diese Eier und Larven. Neben den kaum entwickelten Eiern sind drei bereits weit entwickelte Welslarven zu erkennen.

Mein Tip: Durch die interessante und ungewöhnliche Fortpflanzungsweise kann der Wels auch dem Cichlidenfreund sehr empfohlen werden. Es müssen nicht unbedingt Tanganjikaseecichliden gepflegt werden, denn die Zucht gelingt beispielsweise auch bei der gemeinsamen Pflege mit Malawiseecichliden oder anderen Maulbrütern.

Der Rückenschwimmende Kongowels, Synodontis nigriventris, *ist ebenfalls eine interessante, klein bleibende Art.*
Fotos: M.-P. & C. Piednoir

Zehnstrahlen-Trugdornwels

Art: *Trachelyichthys decaradiatus* MEES, 1974 (12 cm).
Verbreitung: Südamerika, in Guyana.
Lebensraum: In ruhigen Bereichen der Fließgewässer, vor allem in fallholz- und pflanzenreichen Zonen.
Aquarium: Für die Pflege einer kleinen Gruppe genügt ein 200 l-Aquarium. Dieser Wels gründelt wenig, dennoch sollte ein feinsandiger Bodengrundbereich vorhanden sein. Eine dichte Randbepflanzung und einige hohl aufliegende Moorkienholzwurzeln kommen seinem Schutzbedürfnis am Tage entgegen.
Wasser: 23-27 °C, pH-Wert 6-8, 4-15 °dGH.
Nahrung: Futtertabletten, -flocken, -granulat, Futterreste der vergesellschafteten Fische und Lebendfutter aller Sorten.
Fortpflanzung: Unbekannt.
Mein Tip: Die dämmerungs- und nachtaktive Art kann durchaus mit ähnlichgroßen und ruhigen Fischen vergesellschaftet werden.

Schmerlenwels

Art: *Trichomycterus* sp. (6-15 cm).
Verbreitung: Südamerika.
Lebensraum: In allen Gewässertypen.
Aquarium: Aquarien ab 1 m Länge sind für eine Gruppe ab mindestens sechs Welsen geeignet.
Wasser: 20-24 °C, pH-Wert 5-7, 4-18 °dGH.
Nahrung: Futtertabletten, Futterreste der vergesellschafteten Fische und tierisches Futter wie Mückenlarven.
Fortpflanzung: Unbekannt.
Besonderheiten: Die Färbung der Welse ist sehr variabel, so daß eine Bestimmung ohne genaue Herkunftsangaben sehr schwierig ist. Unter den Welsen dieser Familie gibt es sehr gefürchtete Arten, die dazu neigen, in die Harnröhre badender Menschen einzudringen.

Der Zehnstrahlen-Trugdornwels, Trachelyichthys decaradiatus, *ist fürs Gesellschaftsaquarium geeignet. Allerdings ist er vor allem nachts aktiv.*

Die Schmerlenwelse der Familie Trichomycteridae sind nur schwer bestimmbar. Auch der Artname dieses Welses, Trichomycterus *sp., ist unbekannt.*
Fotos: H. Hieronimus

Schlußbemerkungen

In diesem Buch wurde Ihnen eine kleine Auswahl für die Aquaristik meist gut geeigneter Welse aus der schier unerschöpflichen Vielfalt dieser Familiengruppe vorgestellt. Dabei lag der Schwerpunkt zwar auf den kleineren, im Heimaquarium gut haltbaren Arten, doch wurden Ihnen bewußt auch Arten vorgestellt, die immer wieder als Jungfische importiert werden, für das normale Aquarium im Wohnzimmer aber viel zu groß werden. Selbstverständlich ist es bei weitem nicht möglich, im Rahmen eines solchen Buchs alle wichtigen Arten vorzustellen. Wichtig ist es aber, daß sie quasi „im Hinterkopf behalten", daß Sie nie einen Wels erwerben dürfen, über den Sie noch nichts wissen.

Gerade die besonders attraktiven Welse im Händleraquarium sind oft Jugendformen groß werdender Arten. Auch wenn Ihnen möglicherweise ein „Schnäppchen" entgehen sollte, es ist immer besser, sich vor dem Kauf eines zunächst unbekannten Welses genau zu informieren. Einen guten Zoofachhändler erkennen Sie unter anderem daran, daß er zwar – wie jeder Mensch – nicht alles weiß, Ihnen aber ein gutes Buch empfehlen kann, in dem Sie alles Notwendige nachlesen können.

Nach diesen etwas mahnenden Worten, denn auch die großen Zooaquarien können nicht beliebige Fische von Privatleuten annehmen, wünsche ich Ihnen viel Freude und auch viel Erfolg mit diesem schönen Hobby. Es gibt noch viel zu entdecken, denn immer wieder werden bisher noch völlig unbekannte Welse importiert, und auch die Zucht ist erst bei wenigen Arten gelungen, so daß auch Sie sich noch Ihre Erfolge in diesem interessanten Bereich der Aquaristik erschließen können.

Der Scherenschwanz-Fiederbartwels, Synodontis soloni, *gehört zu den regelmäßig, aber dennoch selten importierten Arten. Er wird etwa 16 cm lang. Foto: Dr. J. Schmidt*

Literatur

Störwels, Sturisoma aureum. *Foto: Dr. J. Schmidt*

ALLGAYER, R. 1997. Loricariiden – Kleidung wie ein Perlhuhn. Aquarium *live* 1(4), 58-65.

BAENSCH, H. A. 1982. Die Unterordnung Welse und Welsähnliche (Siluroidei). In: RIEHL, R. & BAENSCH, H. A. Aquarien Atlas. Melle.

BAENSCH, H. A. & RIEHL, R. 1982ff. Aquarien Atlas Band 1-5. Melle.

BURGESS, W. E. 1989. An Atlas of Freshwater and Marine Catfishes. Neptune City, N. J.

BURGESS, W. E. 1991. Atlas der Panzerwelse. *Corydoras – Brochis – Aspidoras*. Kollnburg.

EVERS, H.-G. 1995. Panzerwelse. Stuttgart.

FERRARIS, C. 1991. Catfish in the Aquarium. Melle.

FRANKE, H. J. 1985. Handbuch der Welskunde. Hannover, Leipzig.

GERNHARD, K. 1990. *Sturisoma panamense*. Der Langflossenstörwels laicht im Gesellschaftsaquarium. TI 98, 14-16.

GLASER, U. & GLASER, W. 1995. Loricariidae all L-Numbers. Mörfelden-Walldorf.

GLASER, U., SCHÄFER, F. & GLASER, W. 1996. All *Corydoras*. Mörfelden-Walldorf.

HIERONIMUS, H. 1989. Welse. Stuttgart.

HIERONIMUS, H. 1997. Ihr Hobby *Corydoras*-Panzerwelse. Ruhmannsfelden.

KNAACK, J. 1955. *Corydoras paleatus* (JENYNS). Aquarien Terrarien 2, 161-167.

LAMBOURNE, D. 1995. *Corydoras* catfish. London.

SAGARET, A. & A. 1997. *Corydoras*. „Die Heilsarmee". Aquarium *live* 1(3), 34-41.

SANDS, D. 1983ff. Catfishes of the World, Vol. 1 – 5. Dunure, Lancashire.

SCHAEFER, C. 1996. Das Große Buch der Welse mit L-Nummern-Register. Ruhmannsfelden.

SCHMIDT, J. 1999. Ihr Hobby Harnischwelse. 2. Aufl. Ruhmannsfelden.

SCHMIDT, J. 1999. Leben im Verborgenen. Blaue Antennenwelse. *Ancistrus* cf. *dolichopterus*. Aquarium *live* 3(3), 32-39.

SEUß, W. 1993. *Corydoras*. Ettlingen.

VOGT, D. 1970. Die Welse. In: Grzimeks Tierleben, IV, Fische 1. Zürich.

WICKLER, W. 1962. Ei-Attrappen und Maulbrüten bei afrikanischen Cichliden. Z. Tierpsychol. 19, 129-164.

Die erfolgreiche Buchreihe,
die aus Ihnen erfolgreiche Aquarianer macht

Informativ und zugleich faszinierend – die neusten Titel aus dem bede-Verlag.

Fragen Sie bei Ihrem Fachhändler nach unserem kompletten Buchprogramm.

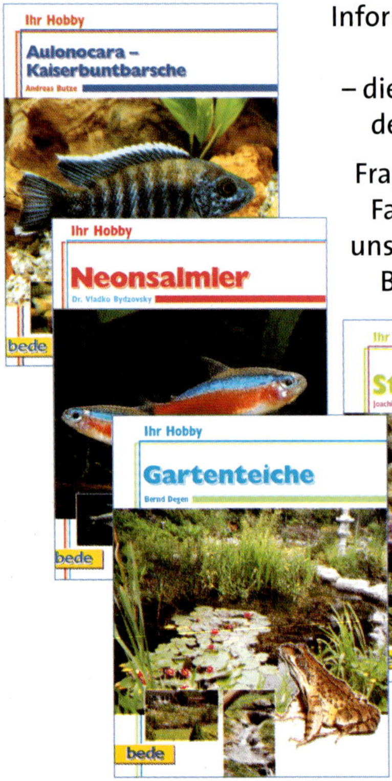

Mit der Erfolgsreihe aus dem bede-Verlag bieten wir Ihnen zu Ihren Aquarienfischen das passende Buch. Sie möchten in die Aquaristik einsteigen, oder Sie brauchen wertvolle Tips zur Pflege und Zucht Ihrer Fische? Dann ist unsere Buchreihe genau das Richtige. In jedem dieser Titel berichten Fachautoren zu ihren Spezialgebieten und geben so manche Insidertips preis.

Jeder der über 45 Titel umfaßt 80 Seiten und circa 80 bis 120 faszinierende Farbaufnahmen, die speziell für diese Buchreihe zusammengestellt und zum Großteil hier erstmals publiziert werden.

Für nur **€ 10,80** je Titel ein aquaristisches Muß für Hobby-Aquarianer.

bede

Fordern Sie unverbindlich eine Gesamtübersicht über unser Buchprogramm an!